W0262431

Die Stratosphäre

Springer
Berlin
Heidelberg
New York
Barcelona
Hongkong
London
Mailand
Paris
Singapur
Tokio

Karin Labitzke

Die Stratosphäre

Phänomene, Geschichte, Relevanz

Mit 86, überwiegend farbigen Abbildungen

Springer

Professor Dr. Karin Labitzke
Freie Universität Berlin
Institut für Meteorologie
Carl-Heinrich-Becker-Weg 6–10
12165 Berlin

ISBN-13: 978-3-642-64212-8

Die Deutsche Bibliothek - CIP-Einheitsaufnahme
Labitzke, Karin:
Die Stratosphäre: Phänomene, Geschichte, Relevanz/Karin Labitzke. -Berlin ; Heidelberg ; New York ;
Barcelona ; Hongkong ; London ; Mailand ; Paris ; Singapur ; Tokio: Springer, 1998
  ISBN-13: 978-3-642-64212-8   e-ISBN-13: 978-3-642-59989-7
  DOI: 10.1007/978-3-642-59989-7

Sollte in diesem Werk direkt oder indirekt auf Gesetze, Vorschriften oder Richtlinien (z.B. DIN, VDI,
VDE) Bezug genommen oder aus ihnen zitiert worden sein, so kann der Verlag keine Gewähr für die
Richtigkeit oder Aktualität übernehmen. Es empfiehlt sich, gegebenenfalls für die eigenen Arbeiten
die vollständigen Vorschriften oder Richtlinien in der jeweils gültigen Fassung hinzuzuziehen.

Einbandgestaltung: Erich Kirchner, Heidelberg
Satz: Digitale Druckvorlage der Autorin

SPIN: 10574205   32/3020 - 5 4 3 2 1 0 - Gedruckt auf säurefreiem Papier

Geleitwort

„Die Formulierung eines Problems ist oft viel wichtiger als seine Lösung, die unter Umständen nur eine Frage der mathematischen oder experimentellen Geschicklichkeit sein mag. Neue Fragen aufzuwerfen, neue Möglichkeiten zu erwägen, alte Probleme aus einem neuen Winkel zu betrachten, das erfordert kreative Imagination und markiert den wirklichen Fortschritt in der Wissenschaft."
 Albert Einstein (1879–1955)

Widmung

Dieses Buch ist dem Andenken

Richard Scherhags (1907–1970)

gewidmet, der ab 1949 in Berlin an der im freien Westberlin neugegründeten „Freien Universität Berlin" ein international anerkanntes neues Institut für Meteorologie aufbaute und sich bis zu seinem frühen Tod ganz besonders um die Erforschung der Stratosphäre kümmerte, ein Gebiet, das damals für die meisten Meteorologen recht uninteressant war. Durch seine Weitsicht legte er den Grundstein für eine Datenreihe, mit der heute aktuelle Probleme und Fragen nach Veränderungen in der Stratosphäre beantwortet werden können.

Vorwort

Dieses Buch über die **Stratosphäre** ist kein Lehrbuch im herkömmlichen Sinn. Es möchte vielmehr dem interessierten Leser, Fachmann und Laien, an Hand von ausgewählten Phänomenen in der Stratosphäre aufzeigen, wie die Erforschung komplizierter Zusammenhänge in der Natur oft verschlungene und unerwartete Wege geht. Verschiedene für das Verständnis der Variabilität unseres **Klimas** wesentliche Beobachtungen wurden bereits zu Beginn des 20. Jahrhunderts gemacht, konnten aber damals überhaupt noch nicht eingeordnet werden, weil man zum Beispiel von der Existenz der Stratosphäre selbst oder von der Ozonschicht noch nichts wußte. Oft wurden Beobachtungen für unglaubwürdig befunden, weil das vorhandene Verständnis bzw. die geltende Theorie sie nicht erklären konnte — eine Haltung, die auch heute noch anzutreffen ist. Was man derzeit nicht versteht, das möchte man am liebsten nicht wahrhaben, unter dem Motto von Wilhelm Busch,

„daß nicht sein kann, was nicht sein darf!"

Wenn man mit dem heutigen, sicherlich auch noch begrenzten Wissen über die Stratosphäre in den Veröffentlichungen aus den Jahren um die Jahrhundertwende liest, dann muß man den Vorgängern großen Respekt zollen bezüglich der Sorgfalt und dem Ideenreichtum, mit dem sie vorgegangen sind. Man erkennt aber auch, wie die Forschung schon damals um ihre Gelder und gegen die Bürokratie kämpfen mußte, und man sieht amüsiert ein, daß sich im Grunde nur wenig geändert hat.

Es ist mein Anliegen in diesem Buch, diesen Gedanken auch in den mehr wissenschaftlich orientierten Kapiteln durchschimmern zu lassen, und ich hoffe, daß ich die Spannung, mit der ich selbst in den letzten 45 Jahren die Entdeckung der vielen Phänomene in der Stratosphäre verfolgt habe, einem interessierten Leserkreis vermitteln kann.

Berlin, im August 1998

Danksagung und Quellenverzeichnis

Mein Dank gilt allen Mitarbeitern und Mitarbeiterinnen in meiner Arbeitsgruppe „Stratosphäre" im Institut für Meteorologie, die sich einerseits seit vielen Jahren unermüdlich um die Herstellung der Stratosphärenkarten gekümmert haben, und die mir andererseits geduldig bei der Herstellung dieses Buches geholfen haben, wobei ich Frau B. Köbbert und Frau M. Wiesner extra erwähnen möchte. Ein ganz besonderer Dank gilt meinen Doktoranden Frau S. Leder und Herrn P. Braesicke, ohne die ich mit diesem Projekt niemals fertig geworden wäre. Mein Freund und Kollege Harry van Loon hat mir hier bei der deutschen Version schon selbstlos und mit großem Elan geholfen und dabei zugleich mit unserer englischen Version begonnen, die in Kürze von uns beiden herausgegeben werden soll.

Meinen Gastgebern an der Universität Kyoto in Japan, Prof. I. Hirota und Prof. S. Fukao danke ich für die Einladung, ein Forschungssemester in Kyoto verbringen zu dürfen. Dadurch wurde mir die Ruhe verschafft, die zur Fertigstellung des Buches so dringend notwendig war.

Und Dir, Michael, danke ich sehr herzlich für Deine liebevolle Geduld und Dein Verständnis.

Für die freundliche Bereitstellung von Abbildungen danke ich:
Dr. A. Beck und Dipl.Phys. R. Alfier, Institut für Meteorologie, FU Berlin (Modellergebnisse, S. 98 u. 99); Dr. H. Claude, Observatorium Hohenpeißenberg des DWD (Ozon von Hohenpeißenberg, S. 135); Dr. U. Feister, Observatorium Potsdam des DWD (Ozon von Potsdam, S. 136); Dipl.Met. D. Fiedler, Institut für Meteorologie, FU Berlin (Foto eines Radiosondenstarts von der Station der Freien Universität auf dem Flughafen Berlin-Tempelhof, S. 42); Dr. H. Gernandt, Dr. M. Rex und Dr. P. von der Gathen, Alfred Wegner Institut, Potsdam (Ozonprofile von Ny-Ålesund, Spitzbergen und Neumayer Station, Antarktis, S.132); Dr. S. Lassen, Physikalisches Institut der Universität Oslo/Norwegen (Ozondaten von Tromsö, S. 134); Dr. C. Marquardt, Institut für Meteorologie, FU Berlin (Abbildungen der QBO, S. 102 und 108); Dipl.Met. B. Naujokat, Institut für Meteorologie, FU Berlin (Foto von einer Ballon–Kampagne in Kiruna, S. 112); Priv. Dozent S. Pawson, Institut für Meteorologie, FU Berlin (Abbildungen 2.1–2.3, S. 48 u. 49); Dr. J. Pelz, Institut für Meteorologie, FU Berlin (Berliner Temperaturreihe ab 1701, S. 2); Prof. Dr. T. Sakurai, National Astronomical Observatory, Tokyo/Japan (Foto von der Sonne im Solarmaximum 1992, S. 144, das mit dem „Soft X–Ray Telescope (SXT)" an Bord des Yokoh–Satelliten aufgenommen wurde); Dr. M. Yamauchi, Institutet för Rymdfysik, Kiruna/Schweden (Foto von Perlmutterwolken, S. 121).

Inhaltsverzeichnis

1 Berlin: Die Wiege der Stratosphärenforschung

1.1 Erste meteorologische Beobachtungen

Als am 18. Januar 1701 der Kurfürst Friedrich III. von Brandenburg in
Königsberg zum ersten König von Preußen gekrönt wurde, war in Berlin,
wie dem „Wetterbuch M.M.K.1701 ", dem Wetterbuch des Gottfried Kirch
und seiner Frau Maria Margareta, geb. Winkelmann, entnommen werden
kann, *„der Himmel trübe und der Frost beständig. Das Wetterglas hing in
einer ziemlich offenen Kammer und war 16 und einhalb Grad. Gegen 10 Uhr
begunte das Gewölk etwas zu brechen, und wie die Stücken [Kanonen] auf den
Wällen gelassen worden, teilten sich die Wolken ziemlich, also das die Sonne
anfing zu scheinen"* (Behre 1908).

Mit den Aufzeichnungen und instrumentellen Beobachtungen in den Jahren 1700 und 1701 beginnen also die langjährigen Temperaturreihen Berlins,
die somit zu den ältesten und kontinuierlichsten von ganz Deutschland bzw.
der Erde gehören (Schlaak 1984), s. Kasten 1.1.

Wurden noch zu Beginn des 18. Jahrhunderts die Temperaturmessungen
mittels Weingeist-Thermometern gewonnen, so setzten sich schon zwischen
1710 und 1720 rasch die von Fahrenheit entwickelten Quecksilber-Thermometer durch, die eine größere Genauigkeit zuließen. Der am 14. Mai 1686 in
Danzig geborene Gabriel Daniel Fahrenheit weilte in den Jahren 1712/13 auch
in Berlin, um Studien über die Eigenschaften unterschiedlicher Glassorten für
die Temperaturmessung anzustellen (Meyer 1967).

Zunächst wurden die Wetterbeobachtungen nur von einzelnen persönlich
interessierten Beobachtern weitergeführt. Die Einrichtung eines einheitlich
arbeitenden Meß- und Beobachtungsnetzes gelang in den letzten beiden Jahrzehnten des 18. Jahrhunderts durch die Gründung der *Pfälzischen Meteorologischen Gesellschaft* (Societas Meteorologica Palatina) im Jahre 1780. Sie
hatte ihren Sitz in Mannheim, organisierte aber 14 gleichartige Stationen in
Deutschland, wovon eine auch in Berlin war.

300 Jahre Temperaturbeobachtungen in Berlin (Kasten 1.1)

Seit 1701 wird in Berlin die Temperatur gemessen, und wenn sich auch die Standorte und die Instrumente seitdem mehrfach geändert haben, s. Karte, so konnte man doch durch sorgfältige Prüf–und Korrekturmaßnahmen eine verhältnismäßig konsistente und zuverlässige Datenreihe von 1701 bis heute erstellen (Pelz 1997). Die Jahresmittel der Temperatur von Dahlem zeigen uns, wie variabel unser Klima ist und daß wir es schon immer, jedenfalls seit 1701, mit warmen und kalten Jahren, d.h. auch mit warmen und kalten Wintern und Sommern zu tun hatten und es wird uns dabei bewußt, daß die Temperaturverhältnisse, die wir heute beobachten, gar nichts besonderes sind.

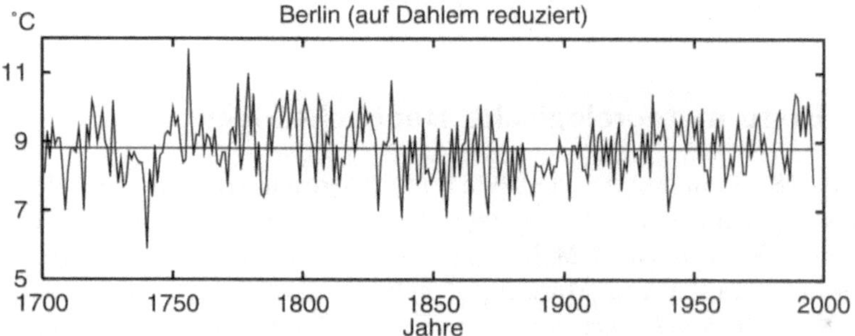

Jahresmitteltemperaturen (^{o}C) von Berlin, auf Dahlem reduziert

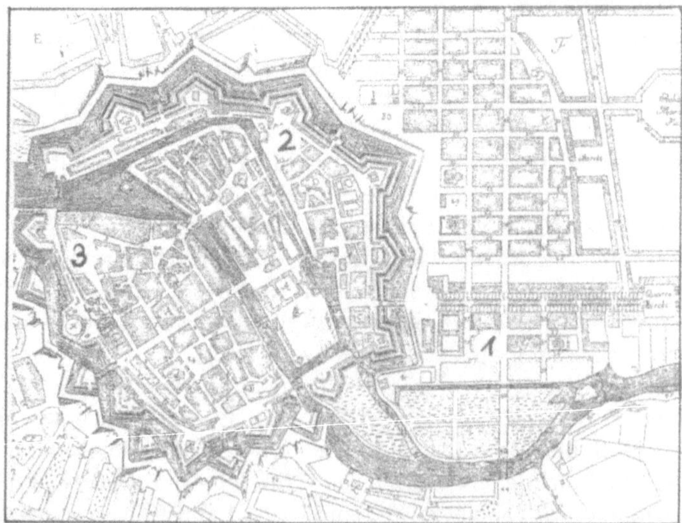

Ausschnitt aus dem „Plan von der Königl.Residentz Stadt Berlin 1737". Der Plan ist *gesüdet*, Westen ist rechts. Die Zahlen markieren die Standorte der frühen Messungen, 1 = Familie Kirch.

Durch die Wirren der französischen Revolution und ihre Folgen wurden die Beobachtungen unterbrochen. Während der Berliner Alexander von Humboldt (1769 bis 1859) z. B. im großen Russischen Reich ein weitverzweigtes meteorologisches Meßnetz aufbaute und man seine Anregungen im englischen Kolonialreich sehr interessiert aufgriff, hatte er in Deutschland damit große Mühe. Ein Zitat aus einem Schreiben an den Direktor des Statistischen Bureaus soll die uns auch heute noch sehr aktuell erscheinende Argumentation aufzeigen:

> ... Wie traurig, daß man keine regelmäßige, sich in Ihrem Bureau concentrirende Anstalten hat, um in gleichmäßiger Form, was für den Ackerbau und die Schiffahrt so nöthig wäre, die mittlere Temperatur der Monate in Pommern, Uckermark, Posen ja Rheinlande zu haben. Zwanzig Barometer und besonders Thermometer, gut verteilt an sichere Personen, würden merkwürdige Contraste zeigen. An vielen Punkten wird schon beobachtet aber nicht berechnet, und alles bleibt in Tagesschriften zerstreut. In welchem Lande spricht man mehr von Wassermangel, Seichterwerden der Flüsse usw., und wo im Preußischen Staate wird Regen gemessen?, nicht einmal in Berlin!

Durch die Kabinettsorder vom 17. Oktober 1847 wurde dann endlich das *Königliche Meteorologische Institut* unter Einfügung in das *Königliche Statistische Bureau* definitiv genehmigt, und es wurde in den folgenden Jahren in Preußen ein vorbildliches Meßnetz aufgebaut.

Im Jahre 1899, Berlin war inzwischen Hauptstadt geworden, bewilligte der Preußische Landtag 60 000 Mark zur Errichtung eines *Aeronautischen Observatoriums* im Norden von Berlin, am Rande des Tegeler Schießplatzes, dem heutigen Flughafen Tegel. Es war zunächst eine Abteilung des oben genannten Königlichen Instituts und wurde von Prof. Dr. Richard Aßmann geleitet, und Prof. Dr. Arthur Berson war von Beginn an einer der wichtigsten Mitarbeiter. Hier begann die systematische Erforschung der oberen Luftschichten.

1.2 Die Erforschung der Freien Atmosphäre

1.2.1 Bemannte Freiballonfahrten

Bereits in der zweiten Hälfte des 18. Jahrhunderts führte man zur Erforschung der Atmosphäre Freiballonfahrten aus, besonders nachdem die Brüder **Montgolfier** den Heißluftballon erfunden hatten. Diese Fahrten erreichten Höhen von einigen Kilometern, aber viele der Ergebnisse waren leider vom wissenschaftlichen Standpunkt aus nicht exakt, da die Meßwerte unter anderem durch fehlenden Strahlungsschutz und durch ungenügende Ventilation verfälscht waren (Aßmann et al. 1899).

Erst als Aßmann 1887 das *Aspirations–Psychrometer* entwickelt hatte, konnten einwandfreie Messungen der Temperatur und der Luftfeuchte in höheren Schichten der Atmosphäre durchgeführt werden.

1881 begannen die eigentlichen wissenschaftlichen Freiballonfahrten des „Deutschen Vereins für Förderung der Luftfahrt", den Aßmann ins Leben gerufen hatte. Über die Geschichte der älteren wissenschaftlichen Luftfahrten berichtet das umfangreiche dreibändige Werk: „Wissenschaftliche Luftfahrten" (Aßmann u. Berson 1899, 1900a, 1900b).

Die mit unbemannten Registrierballonen (s. u.) gelegentlich aus Schichten um und über 10 km Höhe erhaltenen Meßergebnisse waren anfangs, wegen des immer noch möglichen Strahlungsfehlers, als unsicher betrachtet worden, so daß man größte Anstrengungen unternahm, große Freiballone zu konstruieren, die in der Lage waren, zwei Wissenschaftler bis in diese Höhen zu transportieren, damit exakte Messungen zu Vergleichszwecken eingeholt werden konnten. Als dann im Sommer 1900 ein ursprünglich für andere Zwecke bestimmter Ballon von ungewöhnlicher Größe, der 8 400 cbm Gas fassen konnte, gebaut worden war, rückte die Erfüllung des erwähnten Wunsches in greifbare Nähe. Der Besitzer, der Potsdamer Architekt Enders, bot diesen Ballon im Frühjahr 1901 dem Staat als Geschenk an. Seine Majestät der Kaiser erlaubte dem *Aeronautischen Observatorium* die Annahme des Apparates und stellte auch noch eine beträchtliche Summe aus dem „Allerhöchsten Dispositionsfonds" bei der General–Staatskasse zur Ausführung einer Hochfahrt zur Verfügung (Aßmann u. Berson 1902).

Für diesen geplanten Hochaufstieg wurden die erfahrendsten und erprobtesten wissenschaftlichen Ballonfahrer, nämlich der Abteilungsvorsteher im *Königlichen Meteorologischen Institut*, Prof. Dr. Reinhard Süring und der enge Mitarbeiter von Aßmann, A.Berson, bestimmt. Bei der Vorbereitung dieses Hochaufstiegs wurde der Physiologe Dr. H. von Schrötter aus Wien hinzugezogen. Er führte vorher mit Süring und Berson zahlreiche Experimente bei vermindertem Luftdruck in der pneumatischen Kammer des Jüdischen Krankenhauses aus.

Die Festlegung des Termins war recht schwierig, da umfangreiche Startvorbereitungen getroffen werden mußten, (s. Kasten 1.2). Süring und Berson schreiben in ihrem Bericht über diese denkwürdige Ballonfahrt:

> Nur sehr zögernd entschlossen wir uns deshalb, am 30. Juli abends die telephonische Bitte um Inangriffnahme der letzten Vorbereitungen an den die Füllungsaufgaben leitenden Hauptmann von Tschudi vom Königlichen Luftschifferbatallion zu richten, um am folgenden Morgen, als die noch abends aus West drohende leichte Bewölkung wieder abnahm, um 6 Uhr früh den endgültigen Beschluß zu fassen, an diesem Tage das lange in die Wege geleitete Unternehmen auszuführen.

31. Juli 1901: 10 Minuten vor 11 Uhr erhob sich der mit 5 400 cbm Wasserstoff gefüllte Ballon „Preußen" vom Tempelhofer Feld mit uns beiden und ca. 3 600 kg Sand und Eisenballast sehr ruhig in die Luft bei nur schwachem Nordwestwind. Nach 40 Minuten hatte der Ballon bereits eine Höhe von 5 000 Metern erreicht. Erst in dieser Höhe nahm der Ballon seine Kugelform an. Die Temperatur war um mehr als 30 Grad von 23 auf -7 Grad gesunken. Wir fingen bereits zwischen 5 und 6 km Höhe mit der regelmäßigen Sauerstoffatmung an. Nach etwa dreistündiger Fahrt hatten wir 8 000 Meter erstiegen, nach 4 Stunden 9 000 Meter. Der Einfluß der nunmehr unter 1/3 Atmosphärendruck verdünnten und auf -32 Grad abgekühlten Luft machte sich in einer Steigerung des nach kaum dreistündiger Nachtruhe ohnehin vorhandenen Schlafbedürfnisses geltend. Die letzte, Druck sowohl Temperatur umfassende Beobachtungsreihe wurde in 10 225 Metern prompt und völlig deutlich niedergeschrieben. Bald darauf fielen wir beide in tiefe Ohnmacht; Berson zog noch unmittelbar vorher mehrfach das Ventil, als er schon seinen Gefährten (Süring) schlafen sah.

Wie lebensgefährlich das ganze Unternehmen aber war, geht aus einer nicht besonders hervorgehobenen Bemerkung in dem Bericht von Berson und Süring hervor:

Vor oder nach diesem Ventilziehen versuchte auch Süring in lichten Augenblicken seinem schlafenden Kollegen durch verstärkte Sauerstoffatmung aufzuhelfen, aber vergebens. Schließlich werden vermutlich beide Insassen ihre Atmungsschläuche verloren haben und dann in eine schwere Ohnmacht gesunken sein, aus welcher sie ziemlich gleichmäßig bei etwa 6 000 Meter wieder erwachten.

Die Rekordhöhe von 10 500 m (es können auch 10 800 m gewesen sein, doch war die Registriertinte eingefroren, so daß man die Aufzeichnungen des Barographen nicht als einwandfreies Dokument gelten ließ) für eine bemannte **offene** Gondel wurde nie übertroffen. 1927 gelangte der amerikanische Captain H.C.Gray nach der Registrierung seines mitgeführten Barographen mit 12 800 m zwar noch höher, überlebte diese Fahrt jedoch nicht. Nach gut 45 Minuten wachten Süring und Berson ziemlich zur gleichen Zeit wieder auf und fanden den Ballon im raschen Fall begriffen. Er hatte nur noch eine Höhe von 5 500 m. Erst bei 2 500 m Höhe bekamen beide den Ballon wieder ins Gleichgewicht, doch konnten beide Männer instrumentelle Beobachtungen wegen zu großer körperlicher Schwäche nicht mehr durchführen. Um 18 Uhr 25 landeten Süring und Berson im Kreise Cottbus. Sie wurden von einer ungeheuren Menschenmenge empfangen und übernachteten beide im Hause eines Pfarrers. Erst am nächsten Tage wurde mit Hilfe von 30 Mann das schwere Gerät geborgen und verladen und anschließend die Rückreise nach Berlin angetreten (Schlaak 1984).

Der Ballon „Preußen" (Kasten 1.2)

Ein Ballonaufstieg dieser Größenordnung erforderte eine aufwendige, sorgfältige Startvorbereitung, die man fast mit den heutigen „countdowns" von Raketenstarts vergleichen kann. Anschaulich wird dies von Berson und Süring beschrieben:

> ... Die Füllung und Montirung des Ballons leitete – unterstützt von Oberleutnant Hildebrandt und Leutnant George – Hauptmann v.Tschudi, dem die Luftschiffer sowohl hierfür als auch für die Hilfe und Rathschläge ... zu großem Dank verpflichtet sind. Ihm standen die ganze Militär-Luftschifferabtheilung und außerdem Hilfsmannschaften des zweiten Eisenbahn-Regiments für den Aufstieg zur Verfügung. Außer dem gesammten Offizierskorps der Luftschifferabtheilung wohnte der Generalmajor v. Schwartzkoppen dem Aufstiege bei; kurz vor der Abfahrt traf auch der Inspekteur der Verkehrstruppen von Berlin, Seine Excellenz Generalleutnant Rothe, ein.

> Der Ballon wurde mit 5 400 cbm Wasserstoff gefüllt; das comprimirte Gas wurde in 1 080 Stahlflaschen auf 24 Fahrzeugen herangeschafft, wozu ein mehrmaliges Beladen der Wagen erforderlich war. Zum Halten des Ballons waren außer 300 Sandsäcken à 16 kg 24 Erdanker hergestellt, bestehend aus je 5 leeren alten Gasbehältern, die einen Meter tief vergraben waren. An den Halteleinen, welche den Ballon zu diesen Ankern führten, standen je zwei Mann, *also im Ganzen 48 Mann;* am Netz und an den Auslaufleinen befanden sich *ebenfalls 48 Mann.* ... Der Ballast (Sandsäcke à 62 kg und 16 kg und Säcke mit Eisenfeilspänen à 36 kg) war allergrößtentheils außerhalb des Korbes angebracht und zum Abschneiden eingerichtet, ...

> Die Einrichtung des Korbes war im Wesentlichen die gleiche wie bei den sonstigen wissenschaftlichen Fahrten des Meteorologischen Instituts: Quecksilber-Barometer, Aneroid-Barograph und -Barometer, *dreifaches* Aßmann'sches Aspirations-Psychrometer mit Fernrohrablesung, Schwarzkugel-Thermometer. Zur künstlichen Athmung waren 4 Sauerstoffflaschen zu 1 000 Liter Inhalt mitgeführt. Zur Erwärmung dienten schwere Rennthierpelzjacken und -hosen, sowie Thermophorgefäße, welche in die Taschen und in die Filzschuhe gelegt wurden, da ja Temperaturen um -30 Grad ertragen werden mußten. ...

Abb. 1.1: Berson's und Süring's Hochfahrt auf 10 500 m am 31. Juli 1901

Diese denkwürdige, weltweit bekannt gewordene Ballonfahrt von Süring und Berson brachte den Beweis, daß die mittels Registrierballonaufstiegen, z. B. auch am gleichen Tag, durchgeführten Messungen tatsächlich reelle Werte ermittelten, so daß die Erforschung der die Erde umgebenden Lufthülle nun exakt mit den von Aßmann entwickelten Meßinstrumenten ohne direkte menschliche Hilfe vorgenommen werden konnten.

1.2.2   Unbemannte Registrierballone

Anschaulich schreibt darüber Aßmann 1915: „Die ersten bekannt gewordenen Versuche, leichte selbstaufschreibende Apparate mittels eines unbemannten Freiballons in größere Höhen emporzuheben, stammen aus dem Jahre 1892, in welchem Gustave Hermite und Georges Besançon in Paris nach früheren Vorschlägen von Charles Renard Ballone aus Goldschlägerhaut [Oberhaut vom Blinddarm des Rindes] und Seidenballone mit Registrierapparaten aufsteigen ließen, deren letztere von der bekannten Konstruktionsfirma Richard Frères in Paris gebaut worden waren. Interessanterweise ist der Gedanke, auf diese Weise die höheren Luftschichten zu erforschen, schon im Jahre 1809 durch eine in lateinischer Sprache verfaßte Preisaufgabe der Königlichen Gesellschaft zu Kopenhagen deutlich ausgesprochen worden; dieselbe ist indes tatsächlich erst 83 Jahre später gelöst worden! "

Wie Aßman bereits in zahlreichen früheren Arbeiten ausführlich dargelegt hat, waren diese frühen Messungen der Temperaturen in den *hohen* Luftschichten alle mit einem Strahlungsfehler behaftet. Die bis zum Jahre 1900 an mehreren Stellen ausgeführten Registrierballonaufstiege, die man des unvermeidbaren Strahlungseinflusses wegen meist in der Nacht ausführte, litten sämtlich an dem grundsätzlichen Fehler, daß der Auftrieb mit der Höhe allmählich nachließ, der Ballon gleichsam schwamm, die Ventilation der Thermometer nicht mehr gegeben und damit die thermische Erforschung der größeren Höhen ausgeschlossen war.

Auf der Basis dieser Erwägungen entstand dann bei Aßmann der Plan einer Verwendung des elastischen und geschlossen aufsteigenden *Gummiballons*, s. Kasten 1.3, der mit einem Schlage den Forschungsbereich nicht nur nach der Höhe um 20 und mehr Kilometer erweiterte, sondern auch die bisher unerreichbaren gewaltigen Luftmassen über den Ozeanen einschloß (Aßmann 1915). Das Besondere an dem Gummiballon war nämlich, daß er so dimensioniert werden konnte, daß er eine gleichbleibende oder sogar zunehmende Aufstiegsgeschwindigkeit hatte (Hergesell 1903). So konnte bei einer anfänglichen Steiggeschwindigkeit von 5.7 m.p.s., d.h. mit einer ausgezeichneten Ventilation bis in eine Höhe von 20 000 m strahlungsfrei gemessen werden. Wichtig war außerdem, daß der Ballon danach platzte, also nicht mit der Strömung zuweit verdriftete und wieder dem Strahlungsfehler unterlag, sondern daß er zur Auswertung der Registrierungen wiedergefunden werden konnte – und mußte!

Die Herstellung der Gummiballone (Kasten 1.3)

Über die Herstellung der Gummiballone, die ja für die weitere Entwicklung der Erforschung der Atmosphäre und besonders der Stratosphäre von zentraler Bedeutung waren, gibt Aßmann (1915) eine ausführliche Beschreibung:

„Die Herstellung der Gummiballone geschieht nach zwei verschiedenen Methoden, entweder durch Zusammenkleben und Klopfen der frisch geschnittenen Ränder von sogenannten „Patentplatten", die nach einer Schablone, der beabsichtigten Größe des Ballons entsprechend, zu Kugelsegmenten zurechtgeschnitten sind. Eines Klebemittels bedarf es hierbei nicht, da frische Schnittränder des unvulkanisierten Patentgummis durch Aneinanderpressen und Klopfen unlöslich aneinanderhaften. Um auch bei der letzten „Naht" diese Vereinigung der Platten sicher herbeiführen zu können, bleiben die beiden „Pole" der Kugel zunächst offen und werden erst nachher durch Aufkleben einer stärkeren Kappe auf den Nordpol und eines Verstärkungsflansches mit dem Füllansatz abgeschlossen.

Bei der Gewinnung des Rohgummis läßt es sich nicht vermeiden, daß größere oder kleinere Ruß- oder Staubkörner in ihn eingeschlossen werden, die auch bei nachfolgenden Reinigungsverfahren nicht vollständig entfernt werden, und bei stärkerer Ausdehnung sehr dünner Platten herausfallen und nun ein Loch zurücklassen, das bei weiterer Ausdehnung häufig zum vorzeitigen Zerreißen des Gummiballones führt, aber auch ohne dieses dem Gase einen ungewollten Austritt gestattet: eine größere Anzahl derartiger Staublöcher kann dazu führen, daß der Ballon durch den Gasverlust am weiteren Steigen und demnach an dem für die Methode essentiellen Platzen verhindert wird. Zur Vermeidung dieser höchst unerwünschten Erscheinung hat man ein anderes Fabrikationsverfahren angewandt, das sich bei der Herstellung vieler anderer Gummiwaren bestens bewährt hat: man löst den Gummi in Benzol völlig auf und läßt die Lösung solange stehen, bis man annehmen kann, daß alle Staubkörner zu Boden gefallen sind. Nun taucht man einen Körper der gewünschten Form, an dessen Oberfläche die Gummilösung nicht haftet, ein- oder mehreremale in die Lösung ein und erzielt bei sachgemäßer Behandlung einen homogenen nahtlosen Überzug in der gewünschten Plattendicke. Für die Herstellung von Gummiballonen war eine Glasform erforderlich, der man eine birnenförmige Gestalt gab: die Schwierigkeiten, Glaskugeln von größerem Durchmesser herzustellen, beschränkten die Anwendung der sonst recht brauchbaren Methode vornehmlich auf kleinere Ballone, insbesondere Pilotballone für Windmessungen.

Zur Verbesserung der oben beschriebenen Ballone mit geklopften Nähten wurden zwei dünne geschnittene Platten derartig fest in der ganzen Fläche aufeinandergepreßt, daß sie überall völlig zusammenklebten. In Anbetracht der außerordentlich geringen Wahrscheinlichkeit, daß die in den beiden Platten vorhandenen Staubkörner unmittelbar übereinander liegen, wurde durch das Herausfallen derselben bei starker Ausdehnung nur in den seltensten Fällen ein die ganze Platte durchsetzendes Loch erzeugt. Diese deshalb als *L.F. (lochfrei)* bezeichnete neue Platte hat das bisher außerordentlich häufige und zeitraubende „Ausflicken" des in Füllung begriffenen Ballons stark vermindert."

Am 14. Februar 1901 wurde dann der erste Gummiballon erfolgreich ge-
startet. Und im Laufe des Jahres 1901 erreichten 6 Ballone Höhen von mehr
als 12 km, einer von ihnen auch am 31. Juli, fast gleichzeitig mit dem bemannten Ballon „Preußen". Die Beobachtungen des Registrierballons stimmten mit
denen des bemannten Fluges überein. Aßmann informierte per Telefon Teisserenc de Bort in Frankreich (persönliche Mitteilung von Helene Aßmann, der
Tochter), und beide Kollegen wagten dann gleichzeitig die Veröffentlichung
ihrer Ergebnisse.

Zum **Aufbau der Atmosphäre** bestand Anfang des 20. Jahrhunderts
etwa der folgende Kenntnisstand:

In der Atmosphäre nimmt die Temperatur im Mittel mit der Höhe ab.
Dies läßt sich daraus verstehen, daß die Bilanz zwischen vereinnahmter Son-
nenstrahlungsenergie und in den Weltraum abgegebener Wärmestrahlungs-
energie am Erdboden positiv, in der freien Atmosphäre negativ ist, daß mit
anderen Worten am Boden Heizung, in der Höhe Abkühlung herrscht. Es
stellt sich ein Temperaturgefälle von unten nach oben ein, das die Voraus-
setzungen für eine Übertragung von Wärme durch Leitungs-, Konvektions-
und Strömungsvorgänge bildet. Die vertikale Temperaturabnahme beträgt
im Mittel etwa 0,6 Grad/100 m, in der oberen Schicht nähert sie sich dem
Wert 1,0 Grad/100 m. Nicht klar war, wieweit diese Temperaturabnahme
gehen sollte! Man spekulierte, in welcher Höhe etwa der absolute Nullpunkt
der Temperatur erreicht werden müßte: wenn man weiß, daß in den höheren
Schichten der Temperaturgradient nahezu 1,0 wird, dann könnte man eine
Extrapolation vollziehen und in 30-35 km Höhe den absoluten Nullpunkt
gewissermaßen erwarten!

„Und dann kam diese Entdeckung!" (Schmauß, 1952 zurückblickend !)

1.3   Die Entdeckung der Stratosphäre

P.Dubois hat 1955 diese historische Entdeckung in seiner Denkschrift über
die ersten fünfzig Jahre des Observatoriums Lindenberg, die aus politischen
Gründen erst 1993, nach der Wiedervereinigung Deutschlands, veröffentlicht
werden konnte, beschrieben:

> ... In Frankreich hatte 1896 L.Teisserenc de Bort in Trappes bei
> Versailles in seinem privaten Observatorium mit einer langen Serie
> von Registrierballonaufstiegen begonnen, nachdem er Aßmann in
> Berlin besucht hatte und von ihm wichtige Hinweise bezüglich ei-
> nes möglichen Strahlungsfehlers bekommen hatte. Mit Papierbal-
> lonen gelang es ihm, die Meßapparate zu großen Höhen emporstei-
> gen zu lassen. Da sie aber mit wachsender Höhe ihre Auftriebsge-
> schwindigkeit verringerten, war die Verstrahlung durch die Sonne
> in den Maximalhöhen unübersehbar.Teisserenc de Bort versuchte,
> die Strahlungszweifler zu widerlegen, indem er des Nachts arbei-

tete und hier zweifellos dieselbe von ihm gefundene Erscheinung einer Temperaturinversion in einer Höhe von etwa 11 km nachwies.

Inzwischen hatte Aßmann den Gumiballon in die Aufstiegstechnik eingeführt (s. o.), der den besonderen Vorteil hatte, daß seine Aufwärtsbewegung mit der Höhe nicht abnahm, sondern eher noch anwuchs, so daß man auch in größten Höhen eine gute Ventilation der Thermometerkörper erhalten konnte. Aßmann entwickelte auch die für die Gummiballons erforderlichen Registriergeräte geringeren Gewichts.

Ende April 1902 erschien von Teisserenc de Bort eine Mitteilung in den Comptes Rendus der Pariser Akademie: „Variations de la témperature de l'air libre, dans la zone comprise entre 8 km et 13 km d'altitude", über eine in einer veränderlichen Höhe beginnende Zone mit sehr geringem oder selbst ansteigendem Temperaturgradienten.

Aßmann veröffentlichte am 1.Mai 1902 eine Mitteilung in den Sitzungsberichten der Königlich Preußischen Akademie der Wissenschaften zu Berlin: „Über die Existenz eines wärmeren Luftstromes in der Höhe von 10 bis 15 km".

Durch die jahrelang zurückgehaltene, aber dann praktisch gleichzeitige Veröffentlichung der gleichen Schlußfolgerungen aus ihren zurückliegenden Beobachtungsergebnissen, die jeder auf eigene Weise, mit verschiedenen Methoden und Geräten gewonnen hatte, aber erst einwurfsfrei zu sichern bemüht war, haben die beiden seit längerer Zeit befreundeten und miteinander wissenschaftlich korrespondierenden Forscher 1902 die Entdeckung der **Stratosphäre** der Welt bekannt gegeben.

Zum Schluß soll zu diesem Thema des möglichen Strahlungsfehlers, das noch weitere Generationen von Wissenschaftlern beschäftigt und zur Verzweiflung gebracht hat, noch einmal Aßmann zu Wort kommen, der 1915 schreibt:

... man muß es deshalb als eine an die bekannte „Tücke des Objektes" geknüpfte, die Wahrheit lange Zeit verschleiernde „Schicksalsironie" betrachten, daß dieselbe Erkenntnis, welche die Ausführung korrekter Temperaturbeobachtungen im Luftballone ermöglicht, und damit überhaupt die „wissenschaftliche Luftfahrt" geschaffen hatte, d.h. die Feststellung des temperaturfälschenden Einflusses der Sonnenstrahlung, dazu geführt hat, die große und fruchtbare Entdeckung der „oberen Temperaturinversion" in der Atmosphäre zu erschweren und jahrelang zurückzuhalten!

Teisserenc de Bort äußert sich selbst (Kasten 1.4)

1904 auf der 4. Konferenz der Commission Internationale pour l'Aérostation Scientifique ... wie folgt:

„La zone dite isotherme ne présente pas l'uniformité complète de température, et on y distingue généralement, une hausse de température de 3 à 4 degrés, ce fait a été publié pour la première fois le 1-r mai 1902, par le M. le docteur Aßmann dans un mémoire à l'académie des sciences de Berlin: „Über die Existenz eines wärmeren Luftstromes in der Höhe von 10 bis 15km."

„M.Aßmann a trouvé par 6 ascensions de Ballons de caoutchouc non seulement qu'il y avait une hausse de température, mais encore qu'ensuite la température recommencait à décroître. Je dois ajouter qu'il ya longtemps que je connaissais ce fait mais, n'étant pas sûr qu'il ne fût pas dû à une ventilation insuffisante des instruments je n'avais pas cru devoir le publier; la ventilation très énergique des ballons de caoutchouc préconisés par M.Aßmann à mis les observations des six ascensions precitées à l'abri de cette cause d'erreurs et montré la réalité du fait", (aus Dubois 1955).

„Die sogenannte isotherme Schicht ist nicht eine Schicht, in der sich die Temperatur überhaupt nicht ändert, sondern man stellt im allgemeinen eine Erwärmung von 3 bis 4 Grad fest; diese Tatsache wurde zum erstenmal am 1. Mai 1902 von Herrn Dr.Aßmann in den Sitzungsberichten der Berliner Akademie der Wissenschaften veröffentlicht: „Über die Existenz eines wärmeren Luftstromes in der Höhe von 10 bis 15 km."
Herr Aßmann hat mit Hilfe von 6 Aufstiegen mit Ballons aus Kautschuck nicht nur gefunden, daß die Temperatur ansteigt, sondern daß sie danach wieder anfängt abzunehmen. Ich muß hinzufügen, daß ich diese Tatsache schon lange gewußt habe, aber, weil ich nicht sicher war, ob dies nicht an einer schlechten Ventilation der Instrumente lag, glaubte ich, daß ich sie nicht veröffentlichen sollte; die starke Ventilation durch die Gummiballone, die Herr Aßmann empfohlen hat, hat die oben genannten Beobachtungen der 6 Aufstiege vor diesen Fehlern beschützt und hat damit die Richtigkeit der früheren Beobachtungen bestätigt."

Darüber, daß es sich um eine wichtige, fruchtbare Entdeckung gehandelt hat, waren sich die Zeitgenossen Aßmanns einig. So beschreibt der berühmte englische Meteorologe Sir Napier Shaw 1926 in seinem „Manual of Meteorology" die Entdeckung der Stratosphäre als *„die überraschendste Entdeckung in der ganzen Geschichte der Meteorologie"*. Dennoch sollte eine umfassende Erforschung der Stratosphäre erst viel später in Angriff genommen werden.

Teisserenc de Bort teilte die Atmosphäre nun in zwei Schichten ein, denen er die Namen **Troposphäre** und **Stratosphäre** gab. Die Troposphäre(tropos [griechisch] = drehen, wirbeln) ist die Schicht, in der es wirbelnd durcheinander geht, und die Stratosphäre ist die Schicht, in der es *scheinbar* ruhig zugeht, (s. aber Kapitel 3!). Den Namen **Tropopause** hat erst Sir Napier Shaw 1926 dazugefügt. Köppen, einer der berühmtesten Klimatologen, schreibt 1931 in seinem „Grundriß der Klimakunde" über die *Klimate der höheren Luftschichten* folgendes:

> ... In den Jahren 1901–2 entdeckten dann Teisserenc de Bort und Aßmann unabhängig voneinander eine neue Überraschung: in der Höhe von 9 oder 10 Kilometern hörte die Temperaturabnahme überhaupt auf, und zwar meist ziemlich plötzlich; von hier an blieb sie in der Nähe von -50 Grad oder -55 Grad, so hoch auch die Registrierballone stiegen. ...

> Dies Resultat war so unerwartet, daß manche es zunächst nicht glaubten und meinten, daß es durch die Strahlung auf das Instrument bewirkt sei. ... Aber auch Nachtaufstiege zeigten den Eintritt in die Stratosphäre deutlich. **Die Theorie mußte dieser Erfahrung folgen** und sah ein, daß neben den vertikalen Bewegungen das Gleichgewicht zwischen Ein- und Ausstrahlung eine entscheidende Rolle bei der Temperaturverteilung in der Atmosphäre spielt, ...

> Bald zeigte es sich, daß auch innerhalb derselben Jahreszeit die obere Grenze der Troposphäre [der Begriff „Tropopause" wurde von Köppen noch nicht benutzt] bei hohem Luftdruck höher liegt, als bei niedrigem, [eine später für das Verständnis der Ozonschwankungen wichtige Erkenntnis, doch die Ozonschicht war noch nicht richtig entdeckt!] ...

> Aber die größte Überraschung zeigte sich erst, als man die Aufstiege auch auf die Tropenzone ausdehnte, zuerst auf dem Atlantischen Ozean, dann in Batavia und in Ostafrika. Hier sank die Temperatur auch oberhalb 11 km immer weiter bis zu Kältegraden, die weder in Sibirien noch Antarktika je beobachtet worden sind, über Batavia einmal bis –91,9 Grad in 15 1/2 km Höhe. Also die niedrigste Temperatur in der Nähe des Äquators! ...

Was und wo ist die Stratosphäre? (Kasten 1.5)

Der Nichtfachmann bringt das Wort „Stratosphäre" z. B. in Zusammenhang mit Stratosphärenkreuzern, d.h. Urlaub, Fliegen in großen Höhen; und heute wird die Stratosphäre oft im Zusammenhang mit Ozon und „Ozonloch" genannt. Die Stratosphäre ist ein Teil der uns umgebenden Lufthülle, der Atmosphäre, die im Verhältnis zum mittleren Radius der Erde (6371 km) sehr dünn ist, s. Graphik. Nach der vom Boden bis ca. 10 km hinaufreichenden, verhältnismäßig feuchten **Troposphäre**, in der die Temperatur mit der Höhe abnimmt und in der sich das Wetter mit seinen Wolken abspielt, beginnt an der **Tropopause** die wärmere und sehr trockene **Stratosphäre**, in der das Ozon die von der Sonne kommende ultraviolette Strahlung absorbiert und dabei die Luft erwärmt. Man nennt den Bereich, wo die höchsten Temperaturen auftreten, die **Stratopause** bei etwa 50 km Höhe, und die darüber liegende Schicht die **Mesosphäre**; diese reicht bis zur **Mesopause**, wo im Sommer in etwa 90 km Höhe die tiefsten Temperaturen der Erde überhaupt gemessen werden und wo dann in mittleren Breiten, z. B. auch über Deutschland, gelegentlich nachts bei einem Sonnenstand von 5 bis 13 Grad unter dem Horizont, die *noctilucent clouds*, d.h. die *„leuchtenden Nachtwolken"* auftreten. Darüber liegt die **Thermosphäre** bzw. **Ionosphäre**, in der allmählich eine andere Zusammensetzung der Luft und geladene Teilchen (Ionen) die Vorgänge bestimmen und die Gesetze der Meteorologie nicht mehr gültig sind.

In der Graphik wird der Verlauf der Temperatur mit der Höhe für 3 verschiedene Fälle dargestellt, wobei es sich um mittlere Verhältnisse handelt. Im Einzelfall können die Temperaturen deutlich höher oder niedriger sein: Die gestrichelte Kurve zeigt die Temperatur am Äquator mit einer hohen, markanten, kalten Tropopause. Die beiden anderen Kurven zeigen jeweils den Temperaturverlauf in der Arktis: ausgezogen = Sommer, gepunktet = Winter. *Im Sommer* sind die Temperaturen in der Tropo- und Stratosphäre wärmer als im Winter, ein Tatbestand, der sich oberhalb von 58 km Höhe ändert! Darüber finden wir eine extrem kalte Mesosphäre, wo sich an der Mesopause, wie oben erwähnt, die „leuchtenden Nachtwolken" ausbilden können. *Im Winter* ist die Arktis bekanntlich kalt, auch in der Stratosphäre, die Tropopause ist oft zunächst nicht deutlich ausgeprägt, es wird oft bis 25 km Höhe immer noch kälter. Im Lee der arktischen Gebirge, besonders in Skandinavien, können sich bei Temperaturen unter $-80°$ die *„Perlmutterwolken" (Mother-of-Pearl Clouds)* ausbilden, die man heute *„Polar Stratospheric Clouds"* nennt, (s. Kap. 5: „Die Ozonschicht und ihre Probleme").

(Fortsetzung Kasten 1.5)

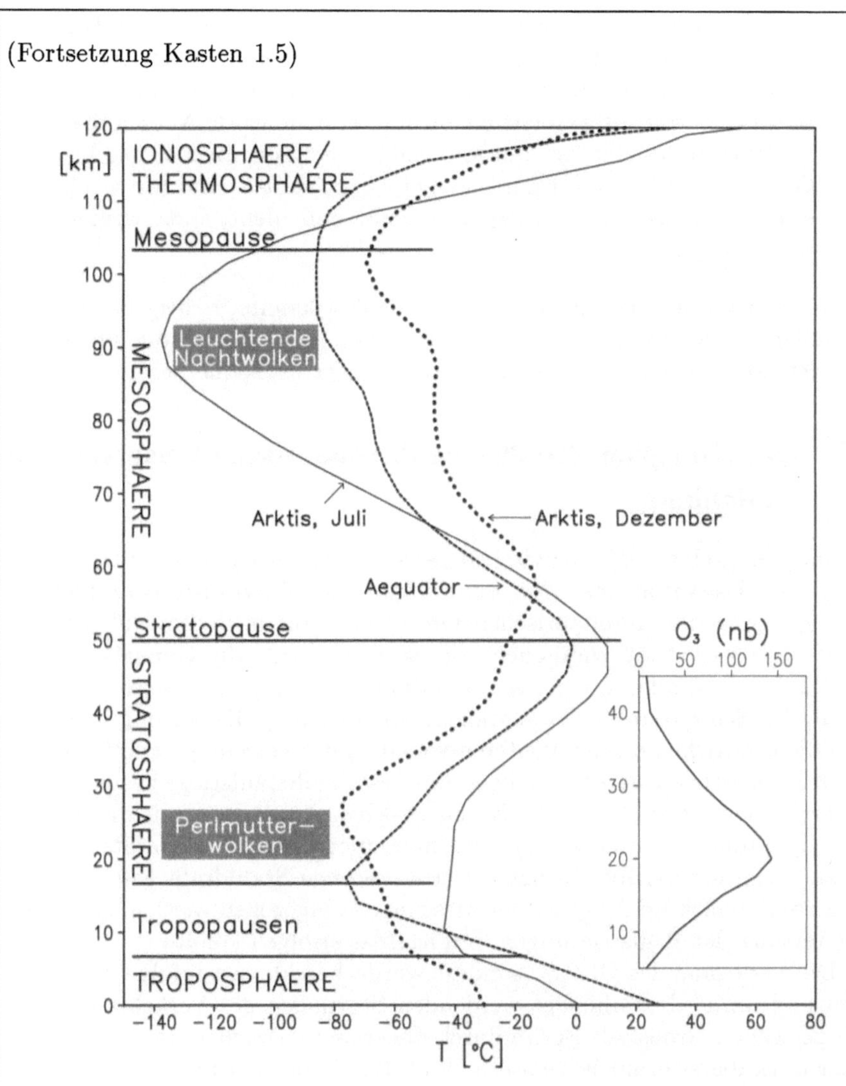

Die Stockwerke der Atmosphäre

Rechts unten ist in der Graphik außerdem die Ozonverteilung mit der Höhe für etwa 50°N im Februar angegeben, in Nanobar (nb), einem Maß für den Partialdruck des Ozons (nach Fabian 1992). Etwa 90% des Ozons finden wir in der Stratosphäre und nur 10% in der Troposphäre.

> Einige Gelehrte versichern uns, daß oberhalb der größten von Ballonen erreichten Höhen in der äußerst dünnen Luft **Ozon** ist. Das war auch zu erwarten, weil nachweislich Ozon entsteht, wo Sauerstoff von ultraviolettem Licht getroffen wird. Aber auffallenderweise scheint es, daß am wenigsten Ozon über tropischen Gegenden ist, wo wir am meisten erwarten sollten, und mit wachsender Entfernung vom Äquator mehr und mehr, statt weniger und weniger.

Auch dies war eine von Köppen sehr früh erkannte, richtig beschriebene „auffallende" Beobachtung, die auch heute besonders den „Modellierern" der Stratosphäre und ihrer Ozonschicht noch immer Probleme bereitet.

1.4   Das Königlich Preußische Aeronautische Observatorium Lindenberg

Aßman beschreibt 1915, inzwischen pensioniert, zurückblickend die Einweihung des Observatoriums: „Mit der Aufgabe des Provisoriums in Tegel und der Verlegung des Aeronautischen Observatoriums nach Lindenberg, Kreis Beeskow (etwa 60 km südöstlich von Berlin), wurde die Geburtsstätte der aerologischen Forschung verlassen und damit vollzog sich zugleich eine Verlagerung des Schwerpunkts der aerologischen Forschung: Es begann in Deutschland die klassische Zeit der Weiterentwicklung der Fesselflugtechnik, denn für den Routinebetrieb waren Drachen- und Fesselballonaufstiege besser geeignet als Freiballone. Die meteorologischen Drachen waren aus Spieldrachen entwickelt worden und man konnte mit ihnen meteorologische Geräte in Höhen bis zu 6 km und darüber bringen. Der an dünnen Stahldraht gefesselte Drachen konnte nach Beendigung der Messungen eingezogen werden, so daß eine Auswertung der Registrierungen unmittelbar erfolgen konnte.

Die Verlegung des Observatoriums wurde beschlossen infolge der zahlreichen und immer bedrohlicher werdenden Störungen des Verkehrs der allzunah gelegenen Großstadt Berlin durch abgerissene Drachendrähte des Observatoriums, die sich auf Fernsprech- und Telegraphenleitungen sowie auf die Drähte der immer näher heranwachsenden elektrischen Straßenbahn legten und dort allerhand im allgemeinen noch ohne ernstere Schäden abgelaufenen „Unfug" verübten. ... Bei der Wahl eines neuen Observatoriumsortes mußten deshalb in erster Linie die Gründe für seine Verlegung berücksichtigt werden: keine Großstadt, keine elektrischen Bahnen, möglichst wenig Menschen.

... Der Bau des neuen Observatoriums begann im Juni 1904 und am 16. Oktober 1905 erfolgte die feierliche Einweihung in Gegenwart Seiner Majestät des Kaisers, welcher den Fürst Albert von Monaco zu derselben eingeladen hatte, sowie in Gegenwart vieler auswärtiger Gelehrter, wie z. B. Lawrence Rotch, des Direktors des berühmten „Blue Hill Observatoriums" bei Boston in den USA. Teisserenc de Bort aus Paris war durch Krankheit verhindert."

Der Kaiser hielt folgende Ansprache:

> Meine Herren, ich möchte Ihnen meine vollste Freude ausspre-
> chen, daß wir nun endlich zur Weihe dieses Instituts schreiten
> können, das bestimmt ist, auf dem Gebiete weiter zu forschen, das
> als ein neues und erfolgreiches Arbeitsfeld geeignet erscheint, um
> tiefer in die Geheimnisse des Naturgeschehens einzudringen, und
> das dank vornehmlich deutscher Energie schon so manche schöne
> Erfolge erzielt hat. Diese Arbeiten zu fördern, ist mir von An-
> fang an eine große Freude gewesen, und so will ich es auch ferner
> halten. Was aber der Herr Kultusminister eben bezüglich meiner
> sonstigen Verdienste um diese Wissenschaft erwähnt hat, kann
> ich mir nicht zurechnen. Es wäre nicht möglich gewesen, Ihren
> Bestrebungen verständnisvolle Unterstützung zu leisten, wenn ich
> nicht von hoher Seite in ganz hervorragendem Maße belehrt und
> angeleitet worden wäre. Es liegt mir daran, vor diesem gelehrten
> Publikum Seiner Hoheit, dem Fürsten von Monaco, meiner Dank-
> barkeit Ausdruck zu geben für die anregenden Gedanken, die er
> mir in bezug auf die Erforschung des Luftmeeres hat zuteil werden
> lassen, und für die eifrige Arbeit, die er selbst dazu geleistet hat.
> Ihnen allen ist es bekannt, wie der Fürst sein ganzes Leben lang
> sein Wissen und Können in den Dienst der Wissenschaft gestellt
> hat, und ich glaube darum in Ihrer aller Sinne zu handeln, wenn
> ich diese Gelegenheit ergreife, um dem Fürsten von Monaco als
> ein Zeichen besonderer Anerkennung die *Große Goldene Medaille*
> *für Wissenschaft* zu verleihen. Ich freue mich, dies in Gegenwart
> so großer Gelehrter tun zu können.

Dazu soll noch ergänzt werden, daß der Fürst von Monaco sich besonders um die Erforschung der „Freien Atmosphäre" über den Ozeanen ver-
dient machte, indem er verschiedentlich seine Yacht „Princess Alice" für For-
schungszwecke zur Verfügung stellte und sich selbst an Untersuchungen beteiligte (S.A.S. le Prince de Monaco 1905).

Unter der Leitung von Aßmann und seinen Mitarbeitern wurden zahlrei-
che Wissenschaftler aus dem In- und Ausland in den neuen Meßtechniken zur
Erforschung der „Freien Atmosphäre" unterwiesen und Expeditionen bzw.
Meßkampagnen sowohl ins Polargebiet wie auch in die Tropen ausgerüstet.
Hier sei nur ein Beispiel zitiert, das später in einem anderen Zusammenhang
wichtig wird :

> Infolge der über mehr als vier Monate des Jahres 1908 ausgedehn-
> ten eingehenden aerologischen Unterweisung des Oberleutnants
> der Königlich Holländischen Marine, Herrn E.Rambaldo, besorgte
> das Observatorium für Drachenaufstiege, die derselbe vom König-
> lich Holländischen Panzerschiff „de Ruyter" auf seiner Ausreise

Abb. 1.2: Einweihung des Observatoriums Lindenberg

nach Westindien, und daran anschließend auf seiner Weiterfahrt nach Java vorzunehmen beabsichtigte, eine kleinere Einrichtung der erforderlichen Utensilien. Danach übernahm es auf Wunsch und Kosten der Königlich Niederländischen Regierung die volle Ausrüstung mit Drachen, Fesselballonen und allen erforderlichen Apparaten für die in Ausssicht genommene *Einrichtung eines aerologischen Observatoriums bei Batavia [dem heutigen Djakarta] auf Java*, welches in der Folgezeit unter den Händen der ausgezeichneten Forscher van Bemmelen und Braak außerordentlich wertvolle Untersuchungen über die Verhältnisse der hohen tropischen Luftschichten ausgeführt hat (Aßmann 1915).

In den Jahren von 1900 bis 1913 wurden unter Aßmanns Leitung 317 Gummiballone gestartet, von denen nur 16 (5 Prozent) nicht wiedergefunden wurden (ein aus heutiger Sicht erstaunlicher Erfolg) und 9,5 Prozent unauswertbare Kurven lieferten. Zu den Gründen, welche die Brauchbarkeit der Registrierkurven herabsetzten, noch eine kurze Anmerkung von Aßmann:

... am verderblichsten sind die nachträglichen Zerstörungen der
Kurven durch Wasser und Schlamm, auch durch allzu langes Liegen im Freien und gelegentlich durch das willkürliche Eingreifen
eines mit übermäßigem Reinlichkeitssinn begabten Finders, der
es für seine Pflicht hält, die „schmutzige Rußschicht" von der Re-
gistriertrommel sorgfältig abzuwischen.

Insgesamt bekam man schon eine recht gute Übersicht über die Temperaturverhältnisse in der freien Atmosphäre über Lindenberg, und auch über die
Verhältnisse in der unteren Stratosphäre. Der höchste Aufstieg erreichte fast
25 000 m, die höchste gemessene Temperatur, in der Stratosphäre, betrug
-38,7 und die niedrigste -73,9 Grad.

Nach R.Aßmann war H.Hergesell von 1914–1932 Direktor des Observatoriums, und sein großer Einsatz für die Weiterentwicklung der **Aerologie**,
d.h. der Erforschung der Wissenschaft von der freien Atmosphäre, wurde weit
über die Grenzen von Deutschland in aller Welt sehr respektiert. Unter anderem wurde ihm 1913 von der Königlichen Gesellschaft der Wissenschaften
in Amsterdam die Buys–Ballot–Medaille, wie 10 Jahre zuvor an Aßmann
und Berson, verliehen. Nach dem Willen ihres Stifters soll sie demjenigen zu-
teil werden, der sich in den 10 der Verleihung vorausgegangenen Jahren die
größten Verdienste um die Entwicklung der Meteorologie erworben hat.

Der Schwerpunkt der Forschung lag in diesen Jahren aber auf der Erforschung der Troposphäre mit meteorologischen Drachen und später mit
Flugzeugen, und die Erforschung der Stratosphäre mußte zunächst einmal
ruhen.

1.4.1   Die Entdeckung der BERSON–Westwinde am Äquator

Hierzu schreiben Dubois und Aßmann:

Bereits im März des Jahres 1900 war der Plan einer aerologischen
Expedition in die tropischen Meere und Kontinente von dem er-
folgreichsten Mitarbeiter auf dem Gebiet der wissenschaftlichen
Luftschiffahrt, A.Berson, ausgearbeitet und mit Prof. v. Bezold
und Prof. Aßmann eingehend durchberaten worden. Weitgehende
Versuche zur Beschaffung der erforderlichen Geldmittel und eines
geeigneten Schiffes blieben jedoch ohne Erfolg bis zum Jahr 1908.

Im Juni bis Dezember 1908 fand die große aerologische Expedition des Observatoriums nach *Ostafrika* statt, deren beträchtliche
Kosten (50 000 M), da andere Mittel nicht verfügbar waren, aus-
schließlich aus privaten Beträgen von Freunden der Wissenschaft
... bestritten wurden. Die Leitung der Expedition wurde dem Ob-
servator Prof. Berson übertragen.

Seine Majestät lehnt mangels verfügbarer Mittel ab! —
Oder: es hat sich nichts geändert! (Kasten 1.6)

Unter den allgemeinen Vorbereitungen zur Expedition spielte selbstverständlich die Beschaffung der Mittel die Hauptrolle. Aus dem Haushalt des Observatoriums konnte der veranschlagte Betrag von 50 000 Mark natürlich nicht bestritten werden. ... Aßmann veranlaßte Berson zur Abfassung einer Denkschrift über die geplante Expedition. Diese wurde mit einer Immediat-Eingabe an den Kaiser zunächst zur Beurteilung einem wissenschaftlichen Ausschuß unterbreitet. Nach weiterer Befürwortung durch die Königl. Akademie der Wissenschaften ... fanden die erforderlichen Vorbesprechungen bei den maßgebenden Instanzen statt, ... bis endlich im Preußischen Finanzministerium und im Reichsschatzamt eine Verteilung der Kosten auf die allerhöchsten Dispositionsfonds bei der Generalstaatskasse und bei der Reichshauptkasse in Aussicht genommen wurde.

So mußte denn in der Hoffnung auf einen Erfolg mit Anspannung aller Kräfte an der personellen und instrumentellen Ausrüstung gearbeitet werden. Trotz der nicht zu leugnenden Dienstwidrigkeit des Verfahrens ließ es sich dabei nicht vermeiden, daß der Direktor des Observatoriums (Aßmann) eine immer größer werdende Schuldenlast auf seine Schultern laden mußte, die bis zur Abreise der Expedition auf mehr als 20 000 Mark anwuchs, und im Falle eines Mißerfolges zu den bedenklichsten Konsequenzen hätte führen können.

Die Mitwirkung des Reiches war mit Recht an die Bedingung des rechtzeitigen Eintreffens der Expedition zu dem internationalen Aufstiegstermin vom 27. Juli 1908 geknüpft worden, so daß größte Eile erforderlich war. Um bei den gegebenen Schiffsverbindungen noch vor dem genannten Termin auf dem Victoria Nyanza, dem 70 000 km^2 großen See im Innern des großen Kontinentes Afrika, anzukommen, war der äußerste Abreisetermin von Berlin der 12. Juni. Am Mittag des Reisetages kam die telefonische Nachricht nach Lindenberg, daß „Seine Majestät mangels verfügbarer Mittel"die Gewährung der Expeditionskosten abgelehnt habe!

Es gelang Aßmann zwar noch, die Expeditionsteilnehmer unmittelbar vor ihrer Abreise zu erreichen, und es wäre ihm möglich gewesen, sie unter Verfallenlassen der für die Schiffsplätze und Frachten bereits gezahlten Beträge festzuhalten und die Expedition aufzugeben. Aßmann faßte jedoch den verwegenen Beschluß, sie abreisen und in Mombassa auf weitere Weisungen warten zu lassen.

Am 27. Juni traf die amtliche Benachrichtigung von seiten des Kultusministers über die Ablehnung der erbetenen Unterstützung ein. Aßmann hatte aber inzwischen 15 Bittschriften zur Absendung gebracht, so daß er auf Grund daraufhin erfolgter zahlreicher Stiftungen kurz nach Eintreffen der Expeditionsmitglieder in Mombassa eine Einzahlung von 10 000 Mark zur Verfügung des Expeditionsleiters bei einer dort befindlichen Bankfirma stellen und kurz darauf über eine Summe verfügen konnte, welche die erforderlichen Expeditionskosten von 50 000 Mark sogar noch um 1000 Mark überschritt. Die erforderliche „landesherrliche" Genehmigung zur Annahme dieser Summe erfolgte allerdings erst im Laufe des Septembers (Dubois 1955).

Die wichtigsten Ergebnisse der Expedition

Die Expedition, deren wissenschaftliche Leiter Prof. Berson und Dr. Elias waren, galt in erster Linie Monsunstudien. Aus Indien und vom deutschen Vermessungsschiff „Planet" lagen spärliche Messungen vor, die nun über Ostafrika ergänzt werden sollten. Für aerologische Studien schien der verhältnismäßig leicht erreichbare Victoria Nyanza, mit einer Fläche von etwa 70 000 km^2 besonders geeignet, da Drachen- und Registrierballonarbeiten auf einem Dampfer wesentlich erleichtert werden. Einerseits lassen sich Drachen mit Hilfe des Fahrtwinds eines Schiffes gut starten, andererseits kann man die Ballone per Schiff verfolgen und oft rasch wiederfinden. Diese natürlichen Vorzüge des Sees konnten aber nur in sehr geringem Maße ausgenutzt werden, da das vorgesehene Schiff defekt und das einzige als Ersatz vorhandene Schiff für die Bergung der auf dem See niedergegangenen Ballone nicht schnell genug war. Außerdem stellte sich bald heraus, daß das Ballonmaterial sehr schlecht war und viele Aufstiege kaum brauchbare Höhen erreichten. So war die Expedition von viel Mißgeschick verfolgt, und man muß die dennoch erhaltenen, großartigen Ergebnisse umso höher einschätzen. Es gelangen insgesamt:

- 25 Registrierballonaufstiege bis zur Maximalhöhe von 19 500 m;

- 65 Drachenaufstiege;

- 84 Pilotballonflüge, deren höchster bis zu einer Erhebung von 22 500 m mit dem Theodoliten verfolgt werden konnte.

Aus der Fülle dieser Sondierungen sind für das hier behandelte Thema der **Stratosphäre** zwei Ergebnisse von großer Wichtigkeit:

1. Es wurden in den höchsten Schichten (meist über 18 000 m) zeitweise westliche Winde gemessen, die von nun an als „Berson-Westwinde" in die Literatur eingingen, und

2. es wurde eine **„obere Inversion"**, d.h. der Beginn der Stratosphäre, festgestellt, aber viel höher als in Lindenberg oder Paris, nämlich erst zwischen 15 und 17 km Höhe, und es wurden an dieser Inversion sehr niedrige Temperaturen gemessen, als Minimum in 19 300 m Höhe sogar -84,3°C. *„Diese Lufttemperatur ist wahrscheinlich die tiefste bisher von einem Instrumente in der Atmosphäre der Erde aufgezeichnete — und zwar am Äquator"* (Berson 1910).

In Kasten 1.7 ist ein Teil der Originaltabelle des Rekord-Aufstiegs vom 30. August 1908 abgedruckt, zusammen mit den Kommentaren der dramatischen, zunächst vergeblichen, doch endlich erfolgreichen Bergung des Registrierapparates.

**Auszug aus der Originaltabelle des Aufstiegs
vom 30. August 1908, in Schirati, Viktoria-See, Ostafrika
(Berson 1910) (Kasten 1.7)**

*Hochlassen und Theodolitverfolgung vom Land.
Ballon-Tandem: zwei Ballons von 800mm Durchmesser, 0,3mm
Dicke. Reinauftrieb 1700+1600=3300g. ...*

Zeit abs. h m s	Luft- druck mm	Seehöhe m	Tem- peratur °C	Auf- trieb m p.s.	Bemerkungen
8 27	668	1140	23.5	5.0	
8 37	471	4112	3.5	4.7	*Kurs nach N85°W*
8 47	341	6692	-10.8	3.6	
8 57	257	8829	-25.4	3.8	
9 07	187	11084	-43.2	3.7	*Kurs nach S80°W*
9 17	128	13564	-61.6		
9 17 44	124	13759	-63.5	4.4	
9 19	118	14072	-62.3	4.4	*Beginn der ob. Inversion!*
9 22 06	103	14921	-63.1	4.4	*Wiederabnahme d. Temperatur*
9 27	82	16294	-75.4	5.1	
9 32 30	61	17984	-82.5	5.1	*Von hier bis Max.höhe sehr schwache Temp. abnahme*
9 36	48	19330	-84.3	>6	*Ein Ballon geplatzt*

*Bis 11 45 weiter in Richtung S 80°W gesteuert. 11 46 Ballon
gefunden [gesehen], direkt über der Kimm, nur wenig südlich
vom gelaufenen Kurs. 12 15 Schiff am Ballon, mit Boot heran;
Ballon schwimmt auf dem Wasser,.., ist etwas zerrissen,...
anderer Ballon, Schwimmerrest, Apparat nicht da! Da Ballon
etwas im Winde trieb, suchen wir ca. 20 Minuten in der Richtung gegen den Wind, dann aufgegeben, Heimfahrt angetreten.
1 57 erblicken wir, halbwegs nachhause, den Schwimmer kaum
10 m vom Schiff! 1 59 Boot ausgesetzt. 2 04 Apparat aus dem
See herausgeholt; er ist von beiden Ballons abgerissen, hängt
mit dem Schwimmer zusammen,...*

Beides waren sehr unerwartete Ergebnisse, denn daß es in den Tropen kälter sein sollte als in den mittleren Breiten, das war nicht erwartet worden. Dieses Ergebnis wurde aber, wenn auch verwundert, akzeptiert, im Gegensatz zu den Westwinden, die, abgesehen von den Ergebnissen aus Batavia (s. u.) praktisch bis zum Ende der 50er Jahre auf eine Bestätigung, und bis zu den 70er Jahren auf eine Erklärung warten mußten.

Zu den niedrigen Temperaturen am Äquator steht bei Hann-Süring (1914): „Die Temperaturzunahme mit der Breite ist eine der merkwürdigsten Tatsachen, welche durch die Aerologie festgestellt worden sind."

Berson selbst schreibt in seinem Bericht über die Ostafrika-Expedition zum Thema der *Westwinde in der Höhe über dem Äquator*:

> ... Die ersten von dem Expeditionsleiter gemachten Mitteilungen über die Auffindung dieser westlichen Oberwinde erregten vielfache Überraschung und begegneten sogar an einzelnen Stellen Zweifeln in die Richtigkeit oder Zuverlässigkeit der diesbezüglichen Wahrnehmungen. Solche Zweifel sind nun nicht mehr gut möglich; die Tatsachen stehen fest. Dagegen ist zuzugeben, daß sich eine Erklärung für sie bisher nur schwer finden läßt.
>
> Es ist hier nicht der Ort, auf die jetzt — und im wesentlichen schon seit Ferrel [d.h. 1865] — herrschende Theorie der allgemeinen Zirkulation, speziell derjenigen zwischen dem Äquator und den subtropischen Barometermaxima [Hochdruckzonen]... einzugehen. Eine kurze Zusammenstellung gibt Hann in seinem Lehrbuch der Meteorologie. ... Die an dieser Stelle besonders interessierenden Ausführungen finden sich unter: „Ostwind in der Höhe am Äquator", wo allgemeine und rechnerische Ableitungen gegeben sind. Das Resultat der letzteren ist am schärfsten in dem Satze von N.Ekholm ausgesprochen: „In den höchsten Luftschichten gerade über dem Äquator weht durchschnittlich der schnellste Ostwind der Erde". ...

Wenn der Krakatau ein Jahr früher ausgebrochen wäre!

Im „Lehrbuch der Meteorologie" von Prof. Dr. J. von Hann (Wien, Dritte, 1914 unter Mitwirkung von Prof. Dr. R. Süring, Potsdam umgearbeitete Auflage) wird der Stand der Beobachtungen bezüglich der Winde in der Höhe über den Tropen bis 1914 wie folgt zusammengefaßt:

„Von größtem Interesse sind die optischen atmosphärischen Erscheinungen, welche dem Ausbruche des Krakatau in der Sundastraße zwischen Sumatra und Java gefolgt sind. Die vulkanische Wolke (Asche, Rauch, Wasserdampf, Bimssteinstaub) erreichte am 20. Mai 1883 die Höhe von 11 km, am 26. und 27. August (Endkatastrophe) die Höhe von 27–34 km. Die feinsten Auswurfprodukte wurden von den oberen Luftströmungen fortgeführt

Abb. 1.3: Blick auf die große, nun vom Meer überschwemmte Caldera des großen Vulkans Krakatau in der Sundastraße zwischen Java und Sumatra, der 1883 explodierte. In der Mitte ein neuer Vulkan, der seit 1927 entsteht und der „Anak Krakatau", d.h. „Kind vom Krakatau" genannt wird (Decker 1961)

und erzeugten eigentümliche optische Erscheinungen zunächst rings um den Äquator. Diese Erscheinungen umkreisten 1–3 mal die Erde (von Ost nach West) im Mittel im Verlauf von 12 1/2 Tagen, also mit einer Geschwindigkeit von 34 1/2 m pro Sekunde. ...

Starke Ostwinde im Äquatorialgebiet oberhalb des Antipassates sind nun auch durch Pilotballonaufstiege auf Java sowie am Viktoriasee in Ostafrika (durch Berson) konstatiert worden. Über Batavia trifft man sie in etwa 18–20 km Seehöhe, van Bemmelen nennt sie geradezu den Krakatauwind ...“ Dazu gibt es auf Seite 473 die folgende Fußnote:

„Eine Überraschung bilden die in die Ostwinde zuweilen eingebetteten hohen Westwinde, welche sowohl im äquatorialen Ostafrika wie auf Java konstatiert worden sind, in Höhen zwischen 16 und 20 km. Bei der Eruption des Semeru (Java 3780 m) am 15. November 1911 stieg eine gigantische Aschenwolke bis zu 19–24 km Seehöhe auf (gemessen [!]). Ein lebhafter Westwind deformierte sie etwas in dieser Höhe. — Eine Erklärung dieser Westwinde ist noch nicht gegeben worden.“

Ein paar Seiten weiter heißt es zum Thema **Windsysteme über Java**:

„... Mai bis September: Ostmonsun: SE–Winde (Passat) bis 3 km, dann NE–Winde (Antipassat) bis 16 km, darauf folgt der sogen. Oberpassat bis über 24 km, mit einer mächtigen Zwischenschicht von Westwinden (die auch Berson in ähnlichen Höhen im äquatorialen Ostafrika gefunden). ...

... Aus dem Vorstehenden ergibt sich, daß wir im allgemeinen über die vertikale und horizontale Luftzirkulation in den Tropenzonen schon gut unterrichtet sind. Doch sind die Verhältnisse viel komplizierter als es früher scheinen mußte.“

Der Ausbruch des Krakatau (Abb.1.3) im Jahr 1883 war ein sehr spektakuläres Ereignis, das von den verschiedensten Wissenschaftlern unter den verschiedensten Gesichtspunkten sehr genau verfolgt wurde. In dem hier behandelten Zusammenhang ergab sich die wichtige Beobachtung von Ostwinden in der äquatorialen Stratosphäre — ein Ergebnis, das von der Theorie gefordert wurde und das sich nun so fabelhaft bestätigt hatte. Man bemerkt in den oben angeführten Texten, wie schwer man sich mit den überraschenden Westwinden tut! Da es sich einerseits um respektierte Kollegen handelte oder Aßmann die Unterrichtung in genauer Messung der Atmosphäre persönlich vorgenommen hatte, andererseits die Wolke des Semeru sogar direkt vermessen wurde, traut man sich nicht, die Beobachtungen ganz vom Tisch zu wischen. Doch Shaw erwähnt sie 1926 immer noch nicht.

Wie schade, daß der Krakatau nicht ein Jahr später (oder früher) ausgebrochen ist — denn dann wäre die Wolke nach dem Ausbruch anders herum um den Globus gezogen und man hätte sich mit diesem nicht zu übersehenden Phänomen der Westwinde auseinander setzen müsen. So dauerte es bis zum Jahr 1960, bis man mehr von diesen Westwinden erfuhr, und bis man die „Quasi-Biennial Oscillation (QBO)“entdeckte, die unser Klima beeinflußt und von der in den nächsten Kapiteln noch mehrfach die Rede sein wird.

Regen und Windzauber (Kasten 1.8)

„Für die Hilfe bei den Pilotaufstiegen war Herr Dr. Plange gewonnen worden, der, auf einer Jagdexpedition in Afrika begriffen, von einem Löwen geschlagen war und in Schirati als Rekonvaleszent weilte. Er hat durch seine eifrige und geschickte Teilnahme bei den Aufstiegen der Expedition wertvolle Dienste geleistet, und der herzlichste Dank der Wissenschaft ist ihm dafür sicher. Die Pilotaufstiege wurden nicht in Schirati selbst, sondern etwa einen Tagemarsch davon auf einer Landspitze, die dem Seewind sehr frei ausgesetzt war, bei dem Sultan Omuru veranstaltet. Am 24.9. früh marschierte Dr. Elias mit einer Trägerkolonie von 20 Eingeborenen nach dem neuen Operationsfelde ab und traf nach einigen Umwegen ... am 26. September bei Omuru ein, wo in unmittelbarer Nähe des befestigten Dorfes, der Boma, das Zeltlager aufgeschlagen wurde. Am 27. begannen dann die Pilotaufstiege, ... bei denen recht ansehnliche Höhen erreicht wurden. ...
Wir hatten uns anfangs einige Sorgen gemacht, wie die Eingeborenen im Innern Afrikas wohl unsere Experimente auffassen würden. Wir müssen gestehen, daß wir von einem Eindruck auf die Neger nicht viel bemerkt haben. Sie haben ja schon die großen Dampfer auf dem Victoria-See gesehen und wissen von Eisenbahnen. Daß man nun noch Gegenstände in die Luft schicken kann, verblüffte sie durchaus nicht und sie fanden sofort recht passende Ausdrücke für unsere Ballons und Drachen, die sie „maschua ya pepo" nannten, auf deutsch „Luftboot" oder genauer „Windboot". Öfter wurden wir gefragt, was denn unsere Versuche zu bedeuten hätten. Wir sagten immer, daß wir „daua ya mvua na pepo" machten, auf deutsch „Regen und Windzauber", und dies lag den Eingeborenen derartig nahe, daß sie weitere Fragen unterließen. Wir haben ja nun damit allerdings ein merkwürdiges Glück gehabt. Denn als die Experimente in Schirati abgeschlossen waren und Berson von dort abgereist war, kam am nächsten Abend ein wolkenbruchartiger Regen, der in dieser Jahreszeit verhältnismäßig selten ist und sehnlichst erwartet wurde. Das hatte schon einen enormen Eindruck gemacht, wovon der zurückbleibende Elias sich persönlich überzeugen konnte. Aber nicht genug daran: auch als Elias bei Sultan Omuru mit den Aufstiegen fertig war und den Platz verlassen hatte, kam am selben Abend wieder ein starker Regenguß, der die ganze Nacht bis zum nächsten Morgen anhielt, und der natürlich die Eingeborenen mit einer grenzenlosen Hochachtung vor unseren Fähigkeiten erfüllte. Der Ehrenname „bwana mkuba ya pepo na mvua kapissa", auf deutsch etwa „Großer Herr des Windes und des Regens par excellence", ist den Expeditionsmitgliedern in dieser Gegend sicher und wird sich wohl sobald aus dem Gedächtnis der Eingeborenen nicht verlieren"(Berson u. Elias 1909).

(Fortsetzung Kasten 1.8)

Pilotballonaufstiege beim Sultan Omuru (Berson u. Elias 1909)

1.5 Das Institut für Meteorologie der FU Berlin

Es folgte eine Reihe von Jahren, in denen in Berlin der Schwerpunkt der Forschung in der Meteorologie mehr der Troposphäre galt, bis dann Richard Scherhag nach Berlin kam.

Richard Scherhag wurde 1952 an die nach der politischen Spaltung Berlins gerade neu gegründete **Freie Universität Berlin** berufen. Er hatte schon in den 30er Jahren im Seewetteramt Hamburg die regelmäßige tägliche Analyse der freien Atmosphäre bis etwa 5 km Höhe vorangetrieben. Er hatte sich mit den Problemen der Radiosonden, die nunmehr mit einem kleinen Sender bestückt waren, so daß die Meßwerte drahtlos übermittelt werden konnten, und ihrer Fehler intensiv befaßt und in seiner Habilitationsschrift (Scherhag 1948) die ersten hemisphärischen Monatsmittelkarten der Stratosphäre für Höhen um 22 km konstruiert. Damals konnte Scherhag nur die Verhältnisse für den Sommer und den Winter klar analysieren, und es war sein größter Wunsch, die Verhältnisse in der Stratosphäre während des gesamten Jahres zu untersuchen. Dies gelang dann auch in den folgenden Jahren.

Aus dem Nichts baute Scherhag in Berlin ein modernes wissenschaftliches Institut für Meteorologie und anschließend an die Tradition des Observatoriums Lindenberg eine Radiosondenstation auf dem damals im amerikanischen Sektor der Stadt liegenden Flughafen Tempelhof auf, dem früheren Tempelhofer Feld, wo Süring und Berson 1901 im Ballon gestartet waren, s. Kapitel 1.2 und Kasten 1.2. Wegen der politischen Situation war dies für ihn damals nicht in Lindenberg selbst möglich.

Scherhag hatte bei seinen synoptischen Untersuchungen nach dem Krieg die hohe Meßgenauigkeit der amerikanischen Radiosonden mit ihrem verhältnismäßig geringen Strahlungsfehler erkannt:

> Erst die Einführung eines neuen amerikanischen Radiosondentyps, bei dem sich der Temperaturmeßkörper nicht mehr in einem sich durch Strahlung stark erwärmenden Schutzrohr, sondern in der freien Luft befindet und durch weißen Überstrich die Strahlung fast vollständig reflektiert, hat die Voraussetzungen zur einwandfreien Temperaturmessung bis zu Höhen von 40 000 m und mehr geschaffen.

Es gelang Scherhag mit Hilfe der Deutschen Forschungsgemeinschaft, aus Amerika Forschungsmittel, Radiosonden und für Hochaufstiege besonders präparierte Ballone aus Neopren, einem Kunststoff, zu beschaffen. Ab Januar 1951 wurden diese Radiosonden regelmäßig in Tempelhof gestartet, mit dem Ziel der Erforschung der bisher immer noch sehr unvollständig bekannten Stratosphäre. Dank der guten Qualität der Ballone erreichten die Radiosonden auch sofort Höhen bis zu 30 km, an mehreren Tagen sogar mehr als 40 km, und später, als Weltrekord am 9.6.1966 sogar 51 388 m!

1.5.1 Die Entdeckung des Berliner Phänomens

Schon im ersten Jahr, d.h. 1951, bekam Scherhag, der die Ergebnisse der mit
den Radiosondenaufstiegen erhaltenen Meßwerte täglich verfolgte, einen recht
guten Überblick über die Temperaturverhältnisse in der Stratosphäre über
Berlin im Verlauf eines Jahres, sowie über die Zuverlässigkeit bzw. geringe
Streuung der Daten von Tag zu Tag. Über diese neuen Ergebnisse und über
die vollkommen unerwarteten, plötzlichen und starken Erwärmungen konnte
Scherhag dann erstmalig im Frühjahr 1952 berichten:

> Wie zuverlässig und exakt die mit dem neuen Radiosondentyp
> erhaltenen Temperaturangaben sind, geht aus Abb.1 [hier nicht
> gezeigt] hervor, in der alle nach dem täglichen Wetterbericht in
> der US-Zone für Berlin für die Druckstufen 20, 15 und 10 mb
> interpolierten Temperaturwerte eingetragen worden sind, wobei
> nur in wenigen Fällen, in denen keine Tempelhofer Werte, son-
> dern nur solche von München und Wiesbaden vorlagen, auf diese
> beiden Stationen zurückgegriffen wurde. Während des ganzen vo-
> rigen Sommerhalbjahres lagen die Temperaturen im Niveau von
> 20 mb fast ausschließlich zwischen -40 und -50°C , und im 10-
> mb-Niveau um -35°C, wobei ein Teil der in dieser Höhe von etwa
> 30 000 m zu beobachtenden größeren Streuung der Einzelwerte
> zweifellos noch auf Meßfehlern beruht, ein anderer Teil dagegen
> sicherlich reelle Temperaturschwankungen andeutet.
>
> Vom August zum November erfolgt ein rascher Übergang von
> sommerlichen zu winterlichen Temperaturen. Schon Anfang De-
> zember werden die absoluten Tiefstwerte des ganzen Winters er-
> reicht, die teilweise unter -70°C betragen. Dann beginnen stärke-
> re Schwankungen. Jedesmal, wenn sich der Kältepol in Richtung
> auf Europa verlagert, sinkt die Stratosphärentemperatur bis na-
> he -70°C, dazwischen erfolgen Temperaturerhöhungen auf etwa
> -50°C. ... Dann erfolgen aber Ende Januar und besonders Ende
> Februar *explosionsartige* Erwärmungen der Hochstratosphäre auf
> Temperaturwerte, wie sie selbst im Hochsommer bei weitem nicht
> erreicht wurden und wofür eine Erklärung durch Advektion nicht
> mehr möglich erscheint.

Scherhag berichtet dann über das „*erste Berliner Phänomen*" vom
27. Januar 1952:

> ... Während am 26. Januar alle gemessenen Stratosphärentem-
> peraturen noch zwischen -56 und -69°C lagen, wurde zwei Tage
> später im Druckniveau von 13 mb nur noch -37°C gemessen. Am
> 27. Januar begann also eine plötzliche Erwärmung von 30 Grad.
> Am 30. Januar stieg die Temperatur im Niveau der 10-mb-Fläche

sogar auf -23°C an, woran sich dann wieder eine rasche Abkühlung anschloß. Aus den gleichzeitigen Windbeobachtungen geht hervor, daß die schon vorher bestehende starke südwestliche Stratosphärenströmung von den Temperaturänderungen kaum beeinflußt wurde. Interessant ist hingehen die Feststellung, daß sich die Erwärmung aus der Höhe langsam nach unten hin fortpflanzte. ... Erst am 4. Februar verliert sich der letzte Erwärmungseffekt im Niveau der 200-mb-Fläche. Es dauerte demnach rund eine Woche, bis sich die Temperaturerhöhung aus dem 30 000-m-Niveau bis 12 000 m herab durchsetzte (Scherhag 1952a).

War schon dieses *erste Berliner Phänomen* eine auffallende Erscheinung, so wurde es bereits 26 Tage später durch das *zweite Berliner Phänomen* noch weit übertroffen. Am 23. Februar meldete die Radiosonde über Berlin im 10 mb eine Temperatur von -12°C, die von einem Wetterdiensttechniker zunächst als -62°C verarbeitet worden war, da er eine dermaßen hohe Temperatur für einen Verschlüsselungsfehler hielt, und da zwei Tage vorher wesentlich niedrigere Temperaturen über Berlin gemessen worden waren, s. Abb.1.4. Scherhag war zu diesem Zeitpunkt gerade in Bad Kissingen, in der damaligen Zentrale des Wetterdienstes der US-Zone und hatte sich gewohnheitsgemäß das Originaltelegramm des Radiosondenaufstiegs aus Berlin angesehen. Er war ja durch die Erwärmung im Januar sensibilisiert, rief sofort in Berlin an und bekam die Bestätigung, daß es sich wirklich um -12.4°C in 30 km Höhe handelte (persönliche Mitteilung).

> ... Daß diese ungewöhnliche Erwärmung wirklich reell war, wurde am nächsten Tag durch den fast gleichen Temperaturwert bewiesen, und ein noch einen Tag später oberhalb von 20 mb festgestellter SE-Wind bestätigte, daß hier Vorgänge im Spiel sein müßten, die die gesamte Druck- und Strömungsverteilung in der Stratosphäre in Unordnung gebracht hatten...

> ... Bei dem Ausmaß, das die hochstratosphärische Erwärmung Ende Februar über Berlin aufwies, muß angenommen werden, daß die Erwärmung auch eine große räumliche Ausdehnung aufwies. Die Durchsicht aller im europäischen Gebiet durchgeführten Radiosondenaufstiege zeigt aber, daß es tatsächlich nur in Berlin gelungen ist, jene hohen Schichten zu erreichen,... (Scherhag 1952a).

So fügte sich Scherhags Entdeckung der mittwinterlichen Stratosphärenerwärmungen würdig in die Reihe der früheren Entdeckungen ein, und über dieses Phänomen und seine praktische Bedeutung in der heutigen Zeit wird in späteren Kapiteln berichtet werden.

Der Begriff „Berliner Phänomen" fand im übrigen Eingang in den Brockhaus, wo er zwischen „Berliner Ofen" und „Berliner Philharmoniker" zu finden ist.

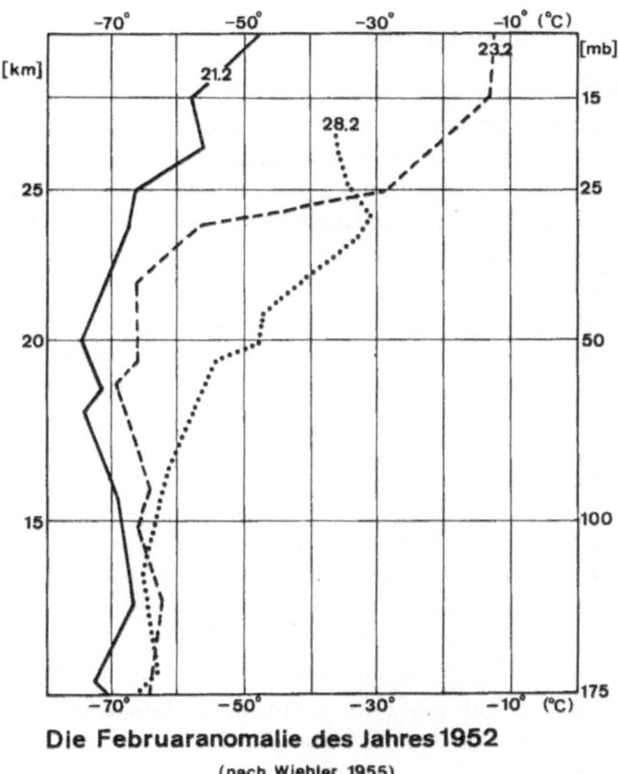

Die Februaranomalie des Jahres 1952

(nach Wiehler, 1955)

Abb. 1.4: Die Februaranomalie des Jahres 1952 (Wiehler 1955)

Im Sinne einer historisch getreuen Dokumentation sei noch kurz Scherhags erste Veröffentlichung zu diesem Phänomen erwähnt, der er den Titel gab: „Einfluß von Sonneneruptionen auf Stratosphärenwetter nachgewiesen"(Scherhag 1952b). Hier versuchte Scherhag, die so unerwartete große Erwärmung mit einer sehr starken Eruption auf der Sonne am 24. Februar in Verbindung zu bringen. Heute wissen wir, daß die Erwärmung schon viel früher begann. Dennoch, dieses Problem, ob es einen *direkten* Einfluß der kurzfristigen Schwankungen der Sonnenaktivität auf die Stratosphäre gibt, ist bis heute nicht geklärt, wobei man einen solchen Einfluß nicht völlig ausschließen kann. Es besteht aber ein Einfluß des 11jährigen Sonnenfleckenzyklus auf die Stratosphäre, wie im Kapitel 6 noch ausführlich beschrieben werden wird.

1.5.2 Eine erste Klimatologie der Stratosphäre
für die Nordhemisphäre

Scherhags Doktorand K.Wege führte die Arbeit bezüglich der Konstruktion von Monatsmittelkarten aus der unteren Stratosphäre für die Nordhemisphäre fort (Wege, 1957 u.1958). Die Karten, auch in den folgenden Kapiteln, sind in einer „polarstereographischen" Projektion dargestellt, bei denen der jeweilige Pol im Zentrum der Karte liegt. Auf der Nordhemisphäre zeigt der Meridian von Greenwich (0° Länge), auf der Südhemisphäre der Meridian von 180° Länge nach unten.

Wege verwendete für den Beobachtungszeitraum von 1949–1953 nahezu alle Radiosondenstationen der Nordhalbkugel, d.h.insgesamt ca. 360 Stationen. Eins der größten Probleme war wie bei Aßmann (!) immer noch das des Strahlungsfehlers, insbesondere weil es inzwischen sehr viele verschiedene Radiosondentypen gab, die alle unterschiedliche Fehler hatten, so daß nur eine sehr sorgfältige und kritische Bearbeitung, möglichst von Nachtaufstiegen, zu einem zuverlässigen Ergebnis führen konnte. Die Erfahrungen von Scherhag flossen hier natürlich ein, und eine Gruppe von Studenten, darunter auch die Verfasserin, waren für Monate beschäftigt, bei der Aufarbeitung des umfangreichen Materials zu helfen, denn zum weitaus größten Teil wurden die Monatsmittelwerte aus den täglichen Aufstiegen berechnet, wobei jeder Aufstieg einzeln aufgezeichnet und berechnet werden mußte.

Heute, mit einem Datensatz von mehr als 40 Jahren guter Radiosonden und mit global messenden Instrumenten an Bord von Satelliten, kann man sich nicht mehr vorstellen, wie wenig man aus den Höhen oberhalb etwa 9 km wußte und wie wichtig zum Teil *einzelne*, unter besonderen Umständen erhaltene Messungen waren. So bezieht sich Wege bei der Diskussion seiner Mittelwerte für das Polargebiet im Juli auf Werte, die bei der Polarfahrt des „Graf Zeppelin" im Sommer 1931 gemessen worden waren (s. Kasten 1.9).

Auf jeden Fall ist Wege mit dem unvollständigen Material sehr umsichtig und offensichtlich erfolgreich umgegangen, denn der Maximalwert von -40°C im Juli am Nordpol (s. Abb. 1.5) entspricht *genau* dem Wert in einer Klimatologie, die inzwischen aus den täglichen Berliner Analysen für den Zeitraum von 1965 bis 1994 vorliegt (Pawson et al. 1995). Auch die Karten in den Übergangsjahreszeiten April und Oktober zeigen im Prinzip die richtige Temperaturverteilung, und die Maxima haben heute noch *exakt* die gleichen Werte. Nur das Kältezentrum in der Arktis ist bei Wege im Oktober und im Januar etwas wärmer als in der neuen Klimatologie. Dies liegt einerseits an der kurzen Periode, in der ja auch der Winter 1951/52 enthalten ist, über dessen große Erwärmung eben berichtet worden ist. Es ist verständlich, daß dieser Winter den Prozeß der Mittellung von ohnehin nur 5 Wintern stark störte. Andererseits können wir heute in der Arktis einen Abkühlungstrend feststellen, der für die niedrigeren Temperaturen im Polargebiet 40 Jahre später verantwortlich sein kann, s. Kapitel 2.

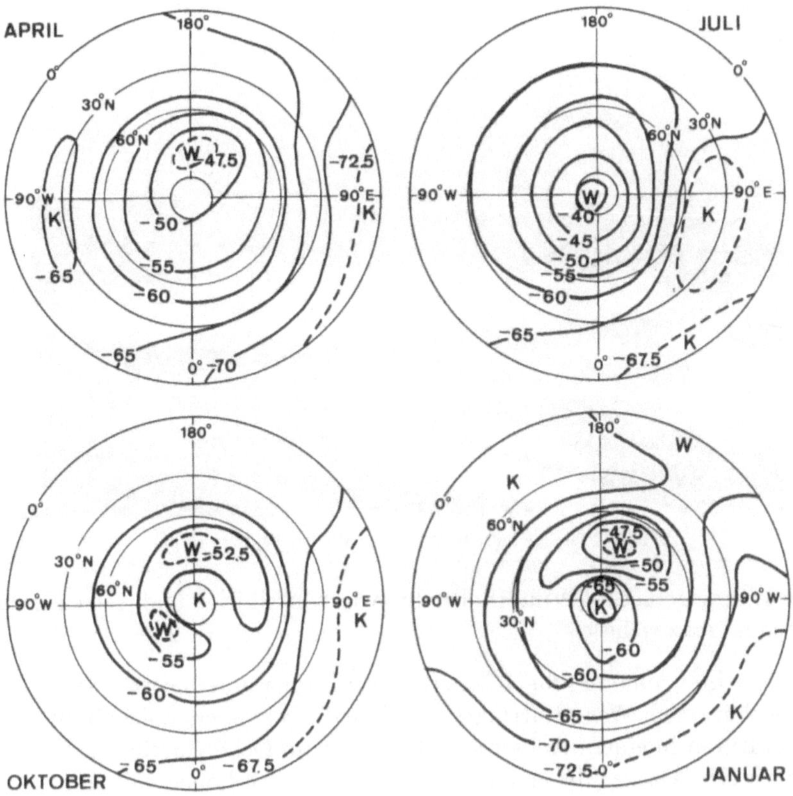

Abb. 1.5: Mittlere Temperaturverteilung in der 50-mbar-Fläche ($^\circ$ Celsius) in den vier Hauptjahreszeiten (Wege 1958)

Über Berlin kann man dagegen nicht von einem Trend sprechen: Wege behandelt einen Fall von „extremer Kälte", (-74,8°C in 50 mbar am 10. Dezember 1954); dieses Extrem wurde erst nach 39 Jahren im Dezember 1993 mit -78,3°C in 50 mbar unterboten.

(zu Kasten 1.9)

Mit dem Zeppelin unterwegs (Foto: dpa)

Das Wärmegebiet im Winterhalbjahr zwischen Sibirien und Alaska erklärt Wege schon ganz richtig:

> Betrachtet man nun die Temperaturverteilung innerhalb des stratosphärischen Warmluftringes, so fallen die besonders hohen Temperaturen in einem Gebiet auf, das sich vom Ochotskischen Meer bis nach Alaska hin ersteckt. ... Wegen dieser hohen Werte im Winter ist in diesem Gebiet kaum eine Jahresschwankung der Temperatur vorhanden. Es fragt sich nun, warum ausgerechnet dort so hohe Werte auftreten. ... Die Ursache kann, nach Scherhag, in der Windverteilung gefunden werden. Die Isotachenkarten für den Winter zeigen die höchsten Windgeschwindigkeiten überhaupt in 200 mbar über Japan. Sie nehmen dann in Strömungsrichtung um mehr als 2/3 ab. Östlich von Japan befindet sich also eine ausgesprochene Diffluenz, ... auf diese kann die Divergenztheorie von Scherhag (1948) angewandt werden. ... daraus ergibt sich in Strömungsrichtung links vom Diffluenzgebiet Massendivergenz, ... diese nimmt mit der Höhe ab, ... und dadurch muß ein Absinken in dem Gebiet hervorgerufen werden, in dem wir auch die höchsten Stratosphärentemperaturen finden. — Über dem Atlantik treten derartig ausgeprägte Effekte nicht auf, da hier die Diffluenz wesentlich schwächer ist.

Mit dem Zeppelin nach Spitzbergen (Kasten 1.9)

„Im Jahre 1908 hatten Hergesell und Graf Zeppelin den Plan gefaßt, das Zeppelin–Luftschiff in den Dienst der Polarforschung zu stellen. Es sollten mittels des Luftschiffes sowohl geographische als auch geophysikalische Untersuchungen wie Lotungen, photogrammetrische und erdmagnetische Vermesssungen, sowie vor allem auch Messungen des Zustandes der hohen Atmosphäre mit Registrierballonen vorgenommen werden. ... Um die Verwendbarkeit der Zeppelin–Luftschiffe für diese Zwecke zu überprüfen und um die Vorbedingungen für ein späteres Polar–Luftfahrtunternehmen vorzubereiten, wurde zunächst im Sommer 1910 von Hergesell, Graf Zeppelin und Prinz Heinrich eine Studienreise nach Spitzbergen durchgeführt, deren für das geplante Unternehmen günstige und wichtige Ergebnisse in dem Buch: „Mit dem Zeppelin nach Spitzbergen" niedergelegt wurden. ...

... Mit einer Kommisssion ... wurde beständig an der Durchführung des Luftschiff–Polarprojektes gearbeitet. Sowohl das Kapital als auch die Luftschiffentwicklung konnten als gesichert gelten, so daß nach Hergesells Auffassung voraussichtlich in den Jahren 1917 und 1918 die arktischen Flüge ausgeführt worden wären. Der Ausbruch des Weltkrieges hat die Durchführung des Hergesell–Zeppelin–Planes bis zum Jahre 1931 verhindert..." (Dubois 1955)

Die Schwierigkeiten für wissenschaftliche Luftfahrt waren nach dem verlorenen Krieg zunächst sehr groß, doch ab 1926 ging es mit der Planung wieder voran und vom 26. bis 31. Juli 1931 fand dann die Arktisfahrt des Luftschiffes LZ127 „Graf Zeppelin" statt. Hergesell konnte aus Altersgründen nicht mehr an der von ihm solange geplanten Fahrt teilnehmen. Die verantwortlichen Wissenschaftler waren nun Prof. Dr. L. Weickmann, Ordinarius in Leipzig und Prof. P. Moltchanoff aus St.Petersburg. Sie untersuchten die meteorologischen Verhältnisse unter, bei und über dem Luftschiff, und es wurden erstmals Radiosonden-Aufstiege von Bord des Luftschiffes vorgenommen. Zwei schwierige Fragen mußten bei den Aufstiegen vom Luftschiff aus gelöst werden: die Technik des Starts und die Beseitigung jeglicher Funkenbildung im Luftschiff. So wurde im Luftschiff ein Raum zum Füllen eines Ballons von über 2 m Durchmesser hergestellt, und zugleich eine Luke, um diesen Ballon abzulassen. Diese Luke war durch zwei Klappen verschlossen, die bei etwa 5 m/sec Fahrt geöffnet wurden, um Ballon und Instrument mit Gegengewicht und Dipol-Antenne abzulassen. Da beim Hinaufgleiten des Ballons am Luftschiff die Gefahr einer Kollision mit herausragenden Teilen desselben bestand, vor allem aber, weil die mit der Kontaktgabe einsetzende Funkenbildung außerhalb des Luftschiffs verlegt werden mußte, ließ man den Ballon zunächst nicht steigen sondern fallen! Es wurde ein Ballastsack angehängt, der automatisch 30 Sekunden nach dem Start abgeschnitten wurde. Gleichzeitig wurde der Registrier- bzw. Kontaktteil elektrisch geschlossen. Vorher war das Kontaktwerk kurzgeschlossen und gab ein Dauersignal, das die Abstimmung des Kurzwellenempfängers ermöglichte. **3 Aufstiege erreichten eine Höhe von mehr als 16km!**

1.5.3   Erste tägliche Wetterkarten von der Stratosphäre

Das „Internationale Geophysikalische Jahr" (*International Geophysical Year (IGY)*), das von den Wissenschaftlern, die in dem „Council of the Scientific Unions (ICSU)" zusammenarbeiteten, organisiert wurde, begann am 1. Juli 1957. Erstmals nach dem 2. Weltkrieg gelang es, ein großes gemeinsames Meßprogramm zu vereinbaren, wozu ganz besonders der rasche, freie und unbürokratische Austausch von Daten gehören sollte, eine Verabredung, die zu dieser Zeit (des kalten Krieges) nicht selbstverständlich war.

Dieses IGY, das auf den Zeitraum Juli 1957 bis Dezember 1958 gelegt worden war, weil man ein besonders starkes Maximum im 11jährigen Sonnenfleckenzyklus erwartete, gab der Erforschung der freien Atmosphäre, besonders aber auch der Stratosphäre, neuen Auftrieb. Ein Bestandteil des Programms war die Einrichtung neuer bzw. Verbesserung vorhandener Radiosondenstationen, möglich regional gut verteilt, d.h. auch in bisher vernachlässigten Gebieten. Das IGY war, auch aus heutiger Sicht, ein sehr großer Erfolg und hat den Weg zu internationalen gemeinsamen Meßprogrammen gezeigt. Heute heißen solche Programme *World Climate Research Program (WRCP)*, *Solar-Terrestrial-Energy-Program (STEP)* und *International Geosphere-Biosphere Program (IGBP)*.

Scherhag erkannte sofort, daß es nun endlich möglich sein würde, tägliche Wetterkarten für die gesamte Nordhalbkugel, nicht nur für die Troposphäre, sondern auch für die Stratosphäre herzustellen. Er begann mit großem Elan und einer kleinen Gruppe von Diplomanden und Doktoranden die Analyse der hemisphärischen Karten, und das erste Heft mit täglichen Analysen der Stratosphäre für das Jahr 1958 erschien 1960 (Behr et al.).

Dieser Winter des IGYs bescherte uns Ende Januar 1958 eine neue, sehr starke Stratosphärenerwärmung, die wir in Berlin natürlich „live" miterlebten. So waren wir alle sehr gespannt auf das Material aller Radiosondenaufstiege der Nordhemisphäre, das uns im Rahmen des IGYs dann mit verhältnismäßig geringer Verzögerung auf Mikrofilmen erreichte. Die Analyse der täglichen Karten war für alle, die daran beteiligt waren, außerordentlich spannend, und wir setzten uns über die Schwierigkeiten, die mit dem (besonders aus heutiger Sicht!) zum Teil doch recht lückenhaften Material verbunden waren, mit jugendlichem Elan hinweg. Als Beispiel sollen hier zwei Karten der 25-mbar-Fläche (in ca. 23 bis 25 km Höhe) gezeigt werden:

Abb. 1.6: Am 18. Januar lag der stratosphärische Polarwirbel (**T**) an seiner „normalen" Position (vgl. Kapitel 2), und Island meldet eine Temperatur von -80°C — weiter können wir zur Kälte nichts sagen. Aber wir erkennen über Alaska, Kanada und Europa sehr starke Winde und noch Temperaturen von -70°C. Das bedeutet, daß wir es, wie für diese Jahreszeit zu erwarten, mit einem sehr starken und kalten Polarwirbel zu tun haben.

Abb. 1.7: Am 28. Januar ist die Wetterlage in der Stratosphäre vollkommen geändert! Wir sehen zwei Tiefdruckwirbel und zwei Hochdruckgebiete

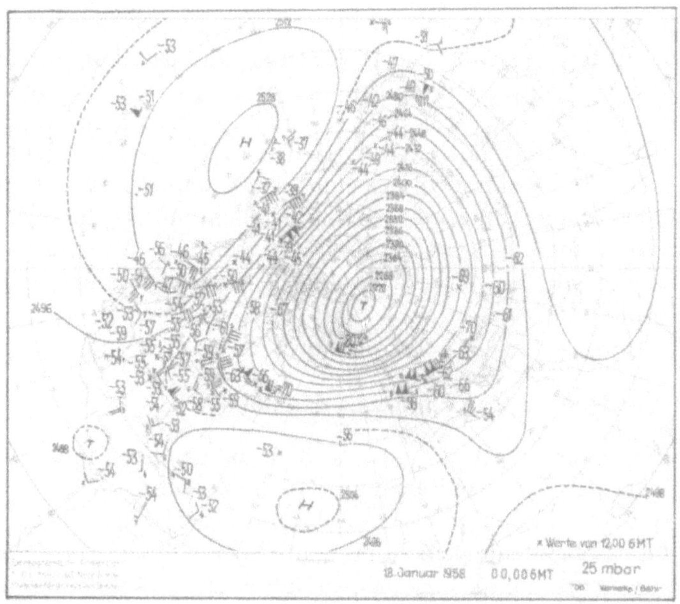

Abb. 1.6: Höhenkarte der 25-mbar-Fläche für den 18. Januar 1958

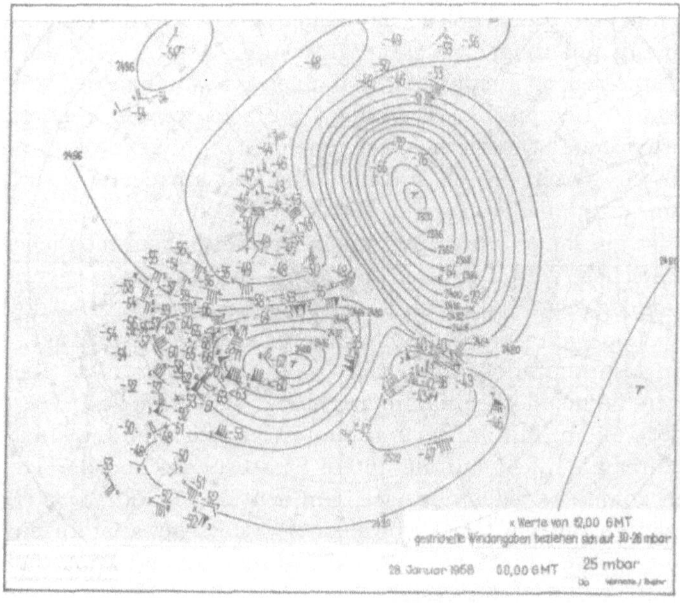

Abb. 1.7: Höhenkarte der 25-mbar-Fläche für den 28. Januar 1958

(**H**), und Island meldet nun -33°C, also einen Temperaturanstieg von fast 50 Grad innerhalb von 10 Tagen.

Solche dramatischen Änderungen war man aus der Troposphäre nicht gewöhnt und es war selbstverständlich, daß sich die Forschung der nächsten Jahre nun diesem „Berliner Phänomen" widmete, wobei die Analyse der täglichen Karten der Stratosphäre hierfür eine unerläßliche Grundlage bildete. Diese Analysen, die oft unter großen finanziellen Schwierigkeiten bis heute (1998) lückenlos weitergeführt worden sind, stellen nun für die Stratosphäre ein auf der Welt einmaliges, homogenes Material dar, mit dem man unter anderem Fragen nach den natürlichen und den anthropogenen Änderungen in der Stratosphäre untersucht.

1.5.4　Die Entdeckung des Einflusses der Sonne

Daß es auf der Sonne „Flecken " gibt, wußten die Chinesen schon seit Jahrhunderten. Aber erst seit 1843 weiß man, daß die Zahl dieser Flecken in einem Rhythmus von etwa 11 Jahren zu- und abnimmt (Schwabe 1844).

Dieses von den Sonnenphysikern bis heute noch nicht geklärte Phänomen hat viele Leute dazu geführt, Vorgänge auf der Erde mit dem elfjährigen Sonnenfleckenzyklus in Verbindung zu bringen. Und vieles ließ sich auch für einige Zeit gut korrelieren, sei es der Preis von Weizen oder das Auftreten der Pest in Asien — oder viele andere Dinge. Keine dieser Korrelationen überstand allerdings strenge Tests bezüglich der statistischen Signifikanz, und es war auch nicht möglich, irgendwelche physikalischen Ursachen für einen solchen Zusammenhang aufzuzeigen. Zustandsgrößen der Atmosphäre, die eigentlich am ehesten mit den Sonnenflecken, d.h. einer Schwankung der von der Sonne zugestrahlten Energie, in Verbindung gebracht werden könnten, zeigten sehr oft verlockende statistische Zusammenhänge — aber diese verschwanden meist, wenn weitere Daten in Raum oder Zeit hinzugefügt wurden, siehe die kritische Zusammenfassung von Pittock (1983).

Skepsis ist also angebracht, wenn man sich mit einem möglichen Zusammenhang zwischen Wetter/Klima und Sonne befaßt, umso mehr, als neue Satellitendaten gezeigt haben, daß die „Solarkonstante", d.h. die Energie, die die Erdatmosphäre pro Zeiteinheit von der Sonne empfängt, vom Maximum zum Minimum des elfjährigen Zyklus zwar schwankt, aber nur um etwa 0,1%. Im Sonnenfleckenmaximum gelangt also 0,1% mehr Gesamtstrahlung zur Erde als im Minimum, und dies ist viel zu wenig, als daß es einen spürbaren direkten Effekt auf die untere Stratosphäre und die Troposphäre verursachen könnte — jedenfalls nach dem heutigen Stand der Wissenschaft. Im ultravioletten Bereich (UV) schwankt die Strahlung allerdings wesentlich stärker, nahezu 50% Unterschied zwischen Maximum und Minimum hat man im Lyman-alpha-Bereich festgestellt.

Dennoch wurden von der Verfasserin in den letzten Jahren einige vielversprechende Zusammenhänge zwischen der Variabilität in der Atmosphäre und

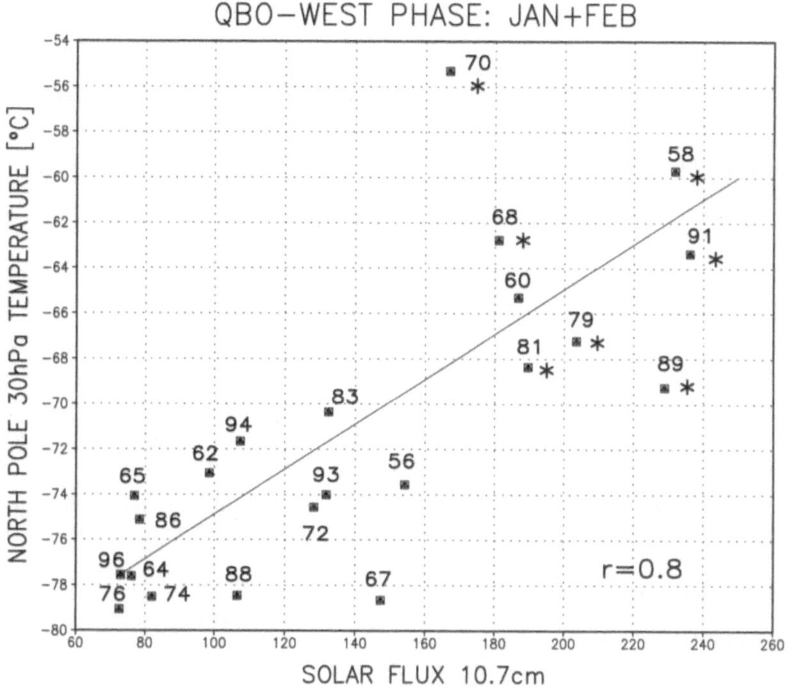

Abb. 1.8: Zusammenhang zwischen den 30-hPa-Temperaturen am Nordpol im Januar/Februar, (aber nur für die Jahre der Westphase der QBO) und der Sonnenaktivität (10,7 cm Radiowelle). Die Zahlen sind die Jahre seit 1956, die Sterne markieren Winter mit „Major Midwinter Warmings". Der Korrelationkoeffizient (r) zwischen den beiden Größen ist 0,8, d.h. 64% der Varianz kann mit diesem Zusammenhang erklärt werden (Labitzke and van Loon 1990, ergänzt)

dem elfjährigen Sonnenfleckenzyklus (SFZ) aufgedeckt. Ich zeigte 1987, daß ein Zusammenhang zwischen den „Major Midwinter Warmings" (s. Kap. 3), der QBO und der Sonnenaktivität besteht: Während sich die winterliche Stratosphäre im Solarminimum so verhält, wie es die Theorie erwartet, und der Polarwirbel bei QBO/West kalt und stabil bleibt, ändert sich dies völlig im Solarmaximum: dann treten auch bei QBO/West „Major Warmings" auf (Abb. 1.8). Diese Beobachtung, die nur dadurch möglich war, daß mittlerweile Daten von mehr als 30 Jahren zur Verfügung standen, führte zu der Entdeckung einer „Ten–to–Twelve–Year Oscillation (TTO)", eine vermutlich von der Sonne angeregte Schwingung (s. Kapitel 6). Diese Entdeckung ergänzt unser Verständnis der Variabilität der Stratosphäre und paßt so gut zu den Arbeiten und Entdeckungen während der letzten 100 Jahre in Berlin, der „Wiege der Stratosphärenforschung".

Literatur

Aßmann R. (1887): Eine neue Methode zur Ermittlung der wahren Lufttemperatur. Sitzungsberichte der Königlich Preußischen Akademie der Wissenschaften zu Berlin, Sitzung der physikalisch–mathematischen Klasse, **I**, 501–515.

Aßmann R. (1902): Über die Existenz eines wärmeren Luftstromes in der Höhe von 10 bis 15km. Sitzungsberichte der Königlich Preußischen Akademie der Wissenschaften zu Berlin, Sitzung der physikalisch–mathematischen Klasse vom 1.Mai 1902, **XXIV**, 1–10.

Aßmann R. (1915): Das Königlich Preußische Aeronautische Observatorium Lindenberg. Friedrich Vieweg und Sohn, Braunschweig.

Aßmann R., Berson A., Gross H. (1899): Wissenschaftliche Luftfahrten, I. Band: Geschichte und Beobachtungsmaterial. Friedrich Vieweg und Sohn, Braunschweig.

Aßmann R., Berson A. (1900a,b): Wissenschaftliche Luftfahrten, II. Band: Beschreibung und Ergebnisse der einzelnen Fahrten. III. Band: Zusammenfassungen und Hauptergebnisse. Friedrich Vieweg und Sohn, Braunschweig.

Aßmann R., Berson A. (1902): Ergebnisse der Arbeiten am Aeronautischen Observatorium in Berlin–Tegel in den Jahren 1900 und 1901. Veröffentlichung des Königl. Preuß. Meteorologischen Instituts, Berlin.

Behr K., Petzoldt K., Scherhag R., Warnecke G. (1960): Tägliche Höhenkarten der 25 mbar Fläche für das Internationale Geophysikalische Jahr 1958. Met.Abh.FU–Berlin, Band X, Heft 1.

Behre O. (1908): Das Klima von Berlin. Eine meteorologisch–hygienische Untersuchung. Berlin.

Berson A., Süring R. (1901): Ein Ballonaufstieg bis 10 500m. Illustrirte Aeronautische Mittheilungen, Heft 4, S.117–119.

Berson A. (1910): Bericht über die aerologische Expedition des Königl. Aeronautischen Observatoriums nach Ostafrika im Jahre 1908, mit 13 in den Text gedruckten Abbildungen und 21 Tafeln. Friedrich Vieweg und Sohn, Braunschweig.

Berson A., Elias H. (1909): Die Ostafrika–Expedition des Königl. Aeronautischen Observatoriums (Vorläufiger Bericht). Illustrirte Aeronautische Mittheilungen, XIII, S.219–223; 301–309; 351–357.

Dubois P. (1955/1993): Das Observatorium Lindenberg in seinen ersten 50 Jahren 1905–1955. Geschichte der Meteorologie in Deutschland, **1**, Selbstverlag des Deutschen Wetterdienstes.

Hergesell H. (1903): Über das Aufsteigen von geschlossenen Gummiballons. Illustrirte Aeronautische Mittheilungen, VII, 163–168.

Köppen W. (1931): Grundriß der Klimakunde, 2.verbesserte Auflage der Klimate der Erde. Verlag Walter de Gruyter u. Co., 388 pp.

Labitzke K. (1987): Sunspots, the QBO, and the stratospheric temperatures in the north polar region. Geophys.Res.Lett., **14**, 535–537.

Labitzke K., van Loon H. (1990): Associations between the 11-year solar cycle, the quasi-biennial oscillation and the atmosphere: a summary of recent work. Phil.Trans. R.Soc.Lond.A **330**, 577–589.

Meyer F.A. (1967): Fahrenheit in Berlin. Der Bär von Berlin, Jahrbuch 1967 des Vereins f.d. Geschichte Berlins.

Pawson S., Labitzke K., Lenschow R., Naujokat B., Rajewski B., Wiesner M., Wohlfart R.-C. (1993): Climatology of the Northern Hemisphere Stratosphere derived from Berlin Analyses. Part 1: Monthly Means. Met.Abh.FU–Berlin, Neue Folge Serie **A**, Band 7, Heft 3.

Pelz J. (1997): Die Berliner Jahresmitteltemperaturen von 1701 bis 1996. Beilage zur Berliner Wetterkarte, 20/97. Met.Abh.FU–Berlin, Serie **B**, Band 74.

Pittock A.B. (1983): Solar variability, weather and climate: An update, Q. J. Roy. Met. Soc. **109**, 23–55.

Prince de Monaco (1905): Sur les lancements de ballons–sondes et de ballons–pilotes au–dessus des océans.Comptes Rendus de l'Académie Sci. Paris, **141**, 492–493.

Scherhag R. (1948): Neue Methoden der Wetteranalyse und Wetterprognose. Springer–Verlag, Berlin–Göttingen–Heidelberg, 424 pp.

Scherhag R. (1952a): Die explosionsartigen Stratosphärenerwärmungen des Spätwinters 1951/52. Berichte des Deutschen Wetterdienstes in der US–Zone, **6**, Nr.38, 51-63.

Scherhag R. (1952b): Einfluß von Sonneneruptionen auf Stratosphärenwetter nachgewiesen. Wetterkarte des Deutschen Wetterdienstes in der US–Zone, 14.März 1952.

Schlaak P. (1984): 300 Jahre Wetterforschung in Berlin. Ihre Geschichte in Persönlichkeitsbildern. In: 100 Jahre Deutsche Meteorologische Gesellschaft in Berlin 1884–1984. Erinnerungsband.

Schmauß A. (1952): Die Entdeckung der Stratosphäre im Jahre 1902. Meteorologische Rundschau, **5**, 161–163.

Schwabe H. (1844): Solar observations during 1843. Astron. Nachrichten, **21**,233–248.

Shaw N. (1926): Mannual of Meteorology, Vol.I. Cambridge, University Press, 343 pp.

Teisserenc de Bort L.P. (1902): Variations de la température de l'air libre dans la zone comprise entre 8km et 13km d'altitude. Comptes Rendus de l' Acad. Sci. Paris, **134**, 987–989.

van Bemmelen W. (1913): Die Erforschung des tropischen Luftozeans in Niederländisch–Ost–Indien. Luftfahrt und Wissenschaft, Heft 5, 50pp.

von Hann J., Süring R. (1915): Lehrbuch der Meteorologie. Dritte Auflage. Verlag von Chr.H.Tauchnitz, Leipzig, 847 pp.

Wege K. (1957): Druck–, Temperatur– und Strömungsverhältnisse in der Stratosphäre über der Nordhalbkugel. Met. Abh. FU–Berlin, Band V, Heft 4.

Wege K. (1958): Druck– und Temperaturverhältnisse der Stratosphäre über der Nordhalbkugel in den Monaten März, Mai, September, November und Dezember. Met. Abh. Met. FU-Berlin, Band VII, Heft 1.

Weickmann L., Moltchanoff P. (1931): Kurzer Bericht über die meteorologisch–aerologischen Beobachtungen auf der Polarfahrt des „Graf Zeppelin". Meteorol.Zeitschrift, **48**, 409–414).

Wiehler J. (1955): Die Ergebnisse der Berliner Radiosonden–Hochaufstiege der Jahre 1951–1953. Met. Abh. FU–Berlin, Band.III, Heft 1.

2 Kurzbeschreibung der Klimatologie der Stratosphäre

2.1 Was für Daten haben wir heute?

Seit der Entdeckung der Stratosphäre 1901 sind fast 100 Jahre vergangen, und wenn die Erforschung der Stratosphäre auch zunächst kein Schwerpunkt bei den Meterorologen war, so ist doch im Laufe der Zeit viel zu ihrer Erforschung geleistet worden. Ein wichtiger Meilenstein war das bereits erwähnte „Internationale Geophysikalische Jahr" (IGY) 1957/1958, während eines besonders großen Sonnenfleckenmaximums, in dem zum erstenmal weltweit unter vereinbarten Bedingungen gemessen wurde, und in dem viele Radiosonden die Stratosphäre regelmäßig erreichten. Ab 1964 wurde auch der internationale Austausch der Beobachtungsdaten besser. Die Radiosonden erreichen heute im allgemeinen bestenfalls das 10-hPa-Niveau, d.h. etwa 32 km Höhe, nur wenige Aufstiege erreichen eine Höhe von 35 bis 37 km.

Die Erforschung größerer Höhen gelang jedoch durch den Einsatz von meteorologischen Forschungsraketen, die zu Beginn der 60er Jahre entwickelt worden waren. Da der Start dieser Raketen teuer war und auch eine größere Logistik erforderte, blieb der Einsatz auf wenige Stationen beschränkt. Eine Verteilung der Stationen wird im Kasten 2.1 *„Raketen"* gezeigt. Bei diesen Raketenmessungen handelte es sich eigentlich nur um „Nadelstiche" in die Atmosphäre, denn bestenfalls gab es 2–3 Messungen pro Woche in dem sehr dünn besetzten Netz von Stationen. Aber weil die mit den Raketen gemessenen Temperaturen und Winde eine sehr gute vertikale Auflösung hatten, haben sie sehr viel zu unserem Wissen über die Struktur der Stratosphäre und Mesosphäre, auch besonders der Stratosphärenerwärmungen (s. Kap. 3) beigetragen. Basierend auf den ersten Messungen wurde schon 1965 eine sogenannte „Referenzatmosphäre" veröffentlicht, die dann 1972 erweitert wurde (CIRA 1972).

Raketen (Kasten 2.1)

In den 60er und 70er Jahren wurde die „Mittlere Atmosphäre" mit meteorologischen Raketen sehr intensiv untersucht und es wurden die wesentlichen Merkmale der Struktur der „Mittleren Atmosphäre", d.h. die Temperatur-und Windverteilung schon sehr gut erfaßt. Die Karte mit den Raketenstationen zeigt deutlich, daß viele Nationen beteiligt waren, wenn es auch kein sehr dichtes Beobachtungsnetz war. Meist wurden 2, maximal 3 Raketen pro Woche gestartet, aber während besonderer Ereignisse, z. B. während Stratosphärenerwärmungen, wurden zusätzliche Raketen gestartet. Während verschiedener internationaler Meßkampagnen, wie z. B. der MAP–WINE–Kampagne (**M**iddle **A**tmosphere **P**rogram–**Wi**nter in **N**orthern **E**urope) im Winter 1983/84 wurden die Zustände in der mittleren Atmosphäre über der europäischen Arktis an den Raketenstationen Andoya/Norwegen und Kiruna/Schweden ganz besonders intensiv untersucht.

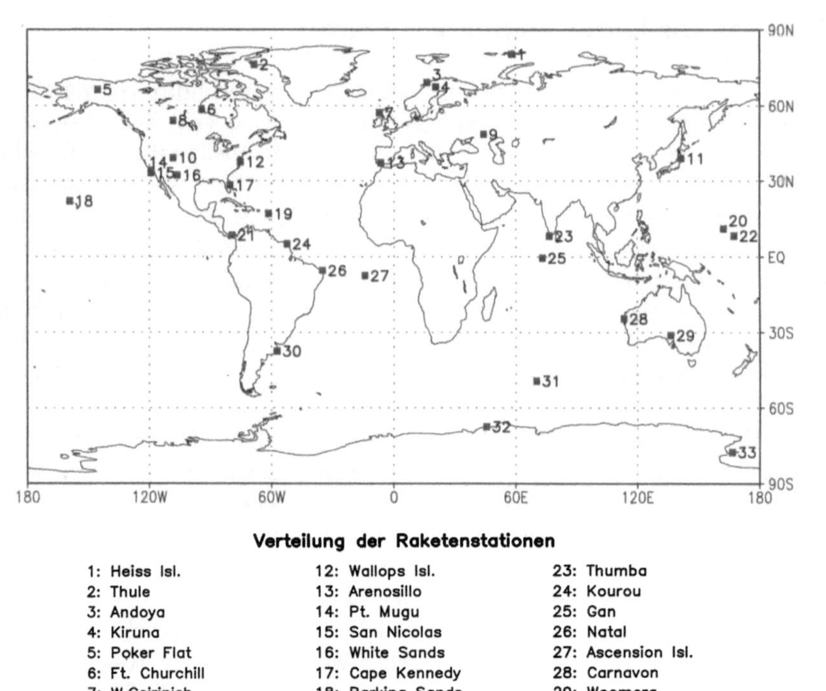

Verteilung der Raketenstationen

Zu Beginn der 70er Jahre wurden Experimente entwickelt, mit denen man vom Satelliten aus u. a. die Ausstrahlung der Erdatmosphäre messen und daraus die Temperatur und verschiedene Spurenstoffe ableiten kann. Heute kann man mit einigen Instrumenten auch den Wind ableiten.

Eine kleine Auswahl von Experimenten ist im Kasten 2.2 *„Satellitenexperimente"* aufgelistet. Diese Meßgeräte an Bord der Satelliten lieferten nun eine Fülle von Daten, denn die meist von Pol zu Pol fliegenden Satelliten (polar orbiter) überqueren eine Region zweimal täglich. Und da immer mit demselben Instrument gemessen wird, sind die Daten „relativ zueinander" genau. Ein Nachteil ist die oft geringe vertikale Auflösung der Messungen, weil man nur in einigen ausgewählten Wellenlängenbereichen (sogenannten Kanälen) messen kann und entsprechend der Gewichtsfunktionen (s. Kasten 2.2) nur jeweils eine Mitteltemperatur für eine etwa 20 km dicke Schicht bekommt. So war und ist die Umsetzung der vom Satelliten aus gemessenen Werte in Temperatur- und Windprofile eine sehr schwierige Aufgabe, die auch heute noch nicht immer zur vollen Zufriedenheit gelöst werden kann. Eine Kombination von Raketen- und Satellitenmessungen wäre ideal, ist aber leider zu teuer, so daß nach und nach die Raketenstationen geschlossen wurden und man heute für die obere Stratosphäre fast vollkommen auf die Instrumente an Bord der Satelliten angewiesen ist. Es gibt aber seit einigen Jahren an einigen wenigen Orten Lidar- und Radargeräte, mit denen man die Atmosphäre vom Boden aus sondiert und je nach Gerät in verschiedenen Höhen, mit unterschiedlicher vertikaler und zeitlicher Auflösung Temperatur, Wind und ausgewählte Spurenstoffe messen kann. Diese Stationen sind z. T. ein guter Ersatz für die Raketenstationen. Die Weiterentwicklung dieser Instrumente, ganz besonders für die Satelliten hat heute eine hohe Priorität, besonders im Hinblick auf die Aufgaben der Überwachung der Atmosphäre im Rahmen eines möglichen globalen Wandels (Global Change).

Aus der Fülle der Satellitendaten entstanden verschiedene Klimatologien, z. B. die „CIRA 1986", aus der die Daten für die Abbildungen 2.1 bis 2.3 entnommen sind.

Für die Ausführungen in diesem Kapitel stehen außerdem die sogenannten „Berliner Daten" zur Verfügung. Dies sind die *täglichen* Analysen der Stratosphäre der Nordhemisphäre, wie sie von Scherhag während des IGYs 1957/1958 begonnen wurden (Kap. 1.5.3) und wie sie bis heute (1998) noch durchgeführt werden. Diese ununterbrochene Datenreihe von 40 Jahren ist weltweit einzigartig.

Für die Südhemisphäre war die Situation bis vor kurzem sehr schlecht. Nachdem nun aber der amerikanische Wetterdienst (er gehört zu den „National Centers for Environmental Prediction"(NCEP)) seine Analysen mit dem heutigen „knowhow" rückwärtsgehend neu analysiert hat, stehen nun glücklicherweise auch ausreichend Daten aus der Stratosphäre der Südhemisphäre zur Verfügung (Kalnay et al. 1996). Hier wurden die Analysen von 1968 bis 1996 benutzt.

Satellitenexperimente (Kasten 2.2)

Seit Beginn der 70er Jahre messen Instrumente an Bord von Satelliten u. a. die Ausstrahlung der Erde in verschiedenen Spektralbereichen. Zu jedem Spektralbereich eines Instruments gehört eine sogenannte „Gewichtsfunktion", die besagt, aus welchem Höhenbereich die gemessene Strahlung stammt. Mit geeigneten mathematischen „Inversionsmethoden" kann man die Strahlung in Temperaturprofile umsetzen.

Die Tabelle enthält einige für die Erforschung der Stratosphäre wichtige Experimente, den Satelliten, auf dem das Experiment geflogen wurde und das Jahr des ersten Starts. Die Tabelle ist keinesfalls vollständig und neue Instrumente werden ständig entwickelt und verbessert.

Darunter wird ein Beispiel für die Anordnung von Gewichtsfunktionen für die heute im Normalbetrieb fliegenden Instrumente gegeben.

Satellite Infrared Spektrometer	SIRS	Nimbus 3,4	1969
Selective Chopper Radiometer	SCR	Nimbus 4,5	1970
Pressure Modulator Radiometer	PMR	Nimbus 6	1975
Stratospheric Sounding Unit	SSU	NOAA	1978
High Resolution Infrared Sounder	HIRS	NOAA	1978
Microwave Sounding Unit	MSU	NOAA	1978
Upper Atmosphere Research Satellite (versch.Experimente)		UARS	1991

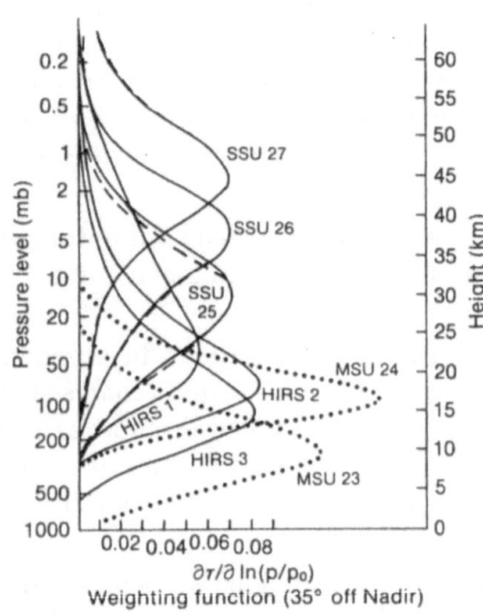

Gewichtsfunktionen der MSU–, HIRS– und SSU–Kanäle bei 35° Nadirwinkel (Bailey et al. 1993)

2.2 Der mittlere Zustand der Stratosphäre

2.2.1 Die Temperatur von Pol zu Pol

Im Kapitel 1.3 habe ich das Konzept der Stratosphäre erklärt und im Kasten 1.5 für den Nordpol und den Äquator gezeigt, wie die Stratosphäre mit ihrer nach oben zunehmenden Temperatur zwischen die Troposphäre und die Mesosphäre eingeklemmt ist, beides Regionen, in denen die Temperatur im allgemeinen mit der Höhe abnimmt. Die Grenze zwischen der Troposphäre und der Stratosphäre heißt *Tropopause*, und die zur Mesosphäre *Stratopause* (vgl. Kasten 1.5).

In der Abb. 2.1 wird eine andere Darstellung gewählt, ein sogenannter Höhen-Breiten-Schnitt für den Monat Januar, indem die Verteilung der über alle Längengrade gemittelten Temperatur (sogen. Breitenkreismittel) mit der Höhe zwischen den Polen dargestellt ist und indem einige Zusammenhänge dadurch deutlicher werden. Z.B. liegt die *Tropopause* nicht überall in der gleichen Höhe: In den Tropen und Subtropen findet man sie erst zwischen 15 bis 18 km Höhe (vgl. Kap. 1.4.1), während sie über den mittleren und hohen Breiten im Mittel nicht höher als 7 bis 9 km liegt. Der Luftdruck nimmt mit der Höhe ab und wegen der unterschiedlichen Höhe der Tropopause ist der Druck an ihr auch entsprechend unterschiedlich: In den Tropen ist der Druck an der Tropopause mit etwa 100 hPa wesentlich niedriger als mit etwa 300 hPa über den hohen Breiten.

Die *Stratopause* liegt im Mittel in einer Höhe von knapp 50 km und der Druck beträgt dort etwa 1 hPa. Nur über dem Winterpol (Arktis, linke Seite der Abb. 2.1) liegt sie im Mittel deutlich höher. Die Temperatur schwankt im Stratopausenbereich von etwa -18°C über dem Winterpol bis +12°C am Sommerpol (Antarktis, rechts in Abb. 2.1). Bei all diesen Betrachtungen der mittleren Verhältnisse muß aber betont werden, daß die Verhältnisse bei bestimmten Wetterlagen ganz anders sein können, wie z. B. während einer großen Stratosphärenerwärmung, wenn die Stratopause weit absinkt und man dann in 40 km Höhe +40°C gemessen hat (vgl. Kap. 3).

Für den Winterpol muß noch auf eine andere wichtige Tatsache hingewiesen werden: Nur im Winter nimmt die Temperatur in hohen Breiten oberhalb der Tropopause nicht gleich zu, wie es ja allgemein für die Stratosphäre üblich ist. Hier nimmt sie noch bis etwa 25 hPa (etwa 25 km Höhe) ab, allerdings viel langsamer als in der Troposphäre, s. auch Kasten 1.5. Über der Antarktis sind die Temperaturen in der Stratosphäre im Winter noch wesentlich niedriger als über der Arktis, wie im Kapitel 2.2.5 ausführlich dargestellt werden wird.

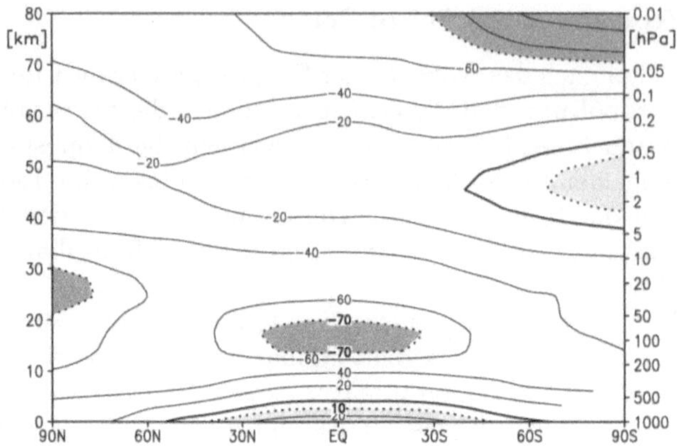

Abb. 2.1: Mittlere Temperaturverteilung (°C) in der Höhe für Januar, d.h. für den Nordwinter (linker Teil) und den Südsommer (rechter Teil der Abbildung). Die Höhenskala ist links in Kilometern und rechts als Druck in hPa angegeben (Barnett and Corney 1985)

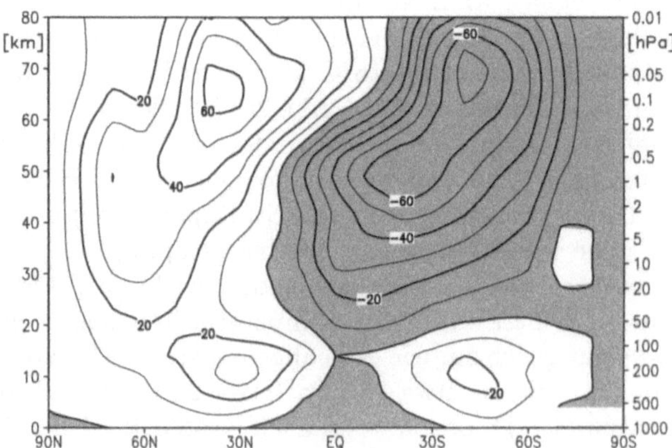

Abb. 2.2: Mittlere Verteilung des zonalen Windes (ms^{-1}) in der Höhe für Januar, d.h. für den Nordwinter (linker Teil) und den Südsommer (rechter Teil der Abbildung). Positive Werte sind Westwinde, negative Ostwinde. Die Höhenskala ist links in Kilometern und rechts als Druck in hPa angegeben (nach Fleming et al. 1990)

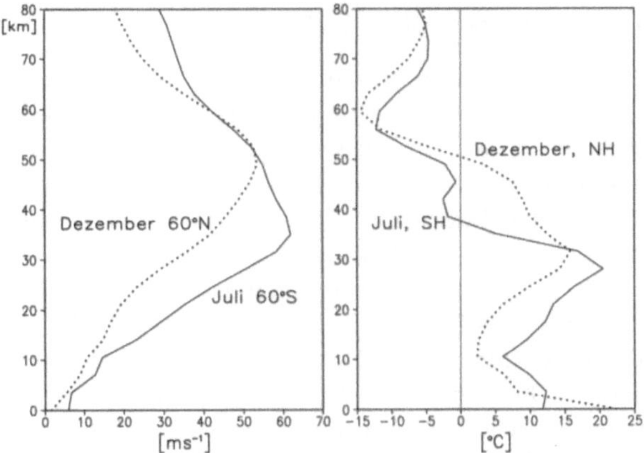

Abb. 2.3: links: Verteilung des zonalen Westwindes (ms^{-1}) in 60°N und S mit der Höhe für Dezember und Juli; rechts: Temperaturdifferenz (°C) zwischen 50 und 70° Breite

2.2.2   Der Wind von Pol zu Pol

Ähnlich wie für die Temperatur ist in Abb. 2.2 ein Höhen-Breiten-Schnitt des sogenannten „zonalen" Windes dargestellt, d.h. die positive Westkomponente und die negative Ostkomponente des Windvektors, der entlang der Breitengrade über alle Längen gemittelt wurde. Im Prinzip haben wir es in der Stratosphäre im Winter mit einem Westwindregime (positive Werte) und im Sommer mit einem Ostwindregime (negative Werte) zu tun, wie auch später an Hand der Höhenkarten zu erkennen sein wird.

Die Windverhältnisse im Winter in beiden Hemisphären werden in Abb. 2.3 verglichen. Links ist die Verteilung des Westwindes (ms^{-1}) mit der Höhe in 60°N und S aufgezeichnet und rechts die Temperaturdifferenz zwischen 50 und 70° Breite, auch über den Höhenbereich von 0 bis 80 km. Zunächst zeigt die Abbildung sehr deutlich, daß der Westwind in der ganzen Schicht bis 80 km Höhe über 60° Süd immer stärker ist als über 60°N. Diese Differenz ist in etwa 30 km Höhe (10 hPa) am größten, wo der Wind um den antarktischen Polarwirbel herum doppelt so stark ist wie der um den arktischen. Die Änderung des Windes mit der Höhe ist proportional zur horizontalen Temperaturdifferenz in der betrachteten Schicht und man nennt diese Differenz deshalb auch den „thermischen Wind": Solange die Differenz positiv ist, d.h., die Temperaturen in den mittleren Breiten höher sind als in den polaren, nimmt der Westwind mit der Höhe zu, sobald sie negativ wird, nimmt der Westwind mit der Höhe ab. Diesen Zusammenhang kann man in der Abb. 2.3 gut erkennen.

2.2.3   Die Zirkulation von Pol zu Pol

Temperaturunterschiede führen immer zu Höhenunterschieden und damit zur Ausbildung von Winden, die diese Unterschiede ausgleichen wollen. Durch die ablenkende Kraft der Erde (Corioliskraft) strömt die Luft in der freien Atmosphäre mit dem sogenannten „geostrophischen Wind" aber nicht direkt in ein Tief, sondern um das Tief herum. Darum gibt es die in Abb. 2.2 gezeigten Starkwindsysteme. Insgesamt, über einen gewissen Zeitraum gemittelt, findet aber doch eine sogenannte „Meridionalzirkulation" statt. Die Grundzüge dieser Zirkulation wurden für die Troposphäre schon 1735 von Hadley aus den zahlreichen meteorologischen Beobachtungen an Bord der Segelschiffe richtig beschrieben: Die warme feuchte Luft der Tropen steigt auf, kommt unter niedrigeren Luftdruck (Expansion), kühlt sich ab und es entstehen dabei viele hochreichende Wolken in der „innertropischen Konvergenzzone". Diese folgt im Jahresverlauf dem jeweiligen Sonnenhöchststand und bringt die Regenzeiten. An die tropische Tiefdruckrinne schließen sich polwärts die subtropischen Hochdruckzonen an, in denen wir ausgeprägte Wüsten, z.B. die Sahara, vorfinden, denn hier sinkt die in den Tropen aufgestiegene Luft ab. Dabei kommt sie unter höheren Druck und erwärmt sich (Kompression), gleichzeitig lösen sich die Wolken auf, s. auch Kasten 6: „Die Hadley Zirkulation". Aus Gründen der Massenerhaltung fließt Luft in den bodennahen Schichten als sogenannter Passat zum Äquator zurück. Diese direkte thermische Zirkulation nennt man in der Meteorologie *Hadley Zirkulation*. In der Troposphäre findet man dann polwärts der Subtropenhochs die Westwindzonen mit den uns bekannten synoptischen Hoch- und Tiefdruckgebieten.

Dobson erkannte 1929 an Hand seiner frühen Ozonbeobachtungen, daß es auch in der Stratosphäre eine solche Meridionalzirkulation geben muß, um das in der tropischen Stratosphäre gebildete Ozon in die mittleren Breiten zu transportieren (s. Kap. 5). Heute wissen wir, daß die in Abb. 2.4 oberhalb der Tropopause schematisch dargestellte Meridionalzirkulation, die sogenannte „Brewer–Dobson–Zirkulation", für die Transporte aller langlebigen Spurenstoffe, z. B. auch der Fluorchlorkohlenwasserstoffe (FCKW), in der Stratosphäre verantwortlich ist. Diese Spurenstoffe gelangen insbesondere in den Tropen und Subtropen in dem aufsteigenden Zweig der Hadley Zirkulation, z. B. in den tropischen Gewittern, in die Stratosphäre und von dort wieder in die Polargebiete. Damit ist zu erklären, wie die überwiegend auf der Nordhemisphäre verbrauchten FCKW in die Antarktis gelangen konnten.

2.2.4   Monatsmittelkarten über der Nordhemisphäre

Die oberste Karte in der Abb. 2.5 zeigt die Verteilung der über 30 Jahre gemittelten Temperatur im Juli im sogenannten 100-hPa-Niveau, d.h. in einer Höhe, in der überall ein Druck von 100 hPa herrscht. Ein Meßgerät, z. B. eine Radiosonde, erreicht dieses Druckniveau in einer Höhe von 15 bis 16 km über dem Meeresniveau, je nach Jahreszeit und geographischer Breite (s. Abb.2.6).

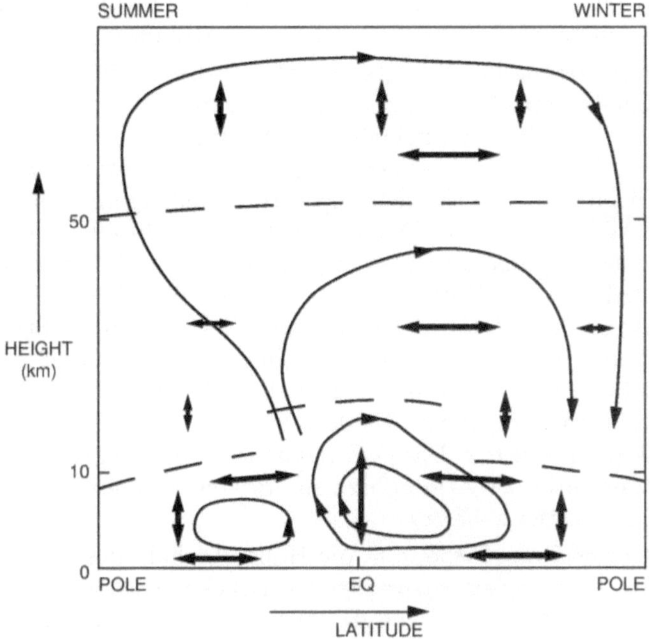

Abb. 2.4: Schematische Darstellung der Meridionalzirkulation in der Atmosphäre, nach WMO (1985)

Die Linien in den Karten der Abb. 2.5 sind Isothermen, also Linien gleicher Temperatur, und die Farben sind so gewählt, daß die warmen Farben (rot) hohe und die kalten Farben (blau) niedrige Temperaturen darstellen. Man erkennt sofort, daß die Temperaturen am Rande der Karte (20°N) während des ganzen Jahres viel niedriger sind als im Polargebiet, und wie oben gezeigt wurde (Abb. 2.1), ist es in diesem Niveau am Äquator sogar noch kälter. Das kommt daher, daß, wie vorne besprochen, die Luft in den äquatorialen Zonen aufsteigt, durch die Troposphäre weit hinauf in die Stratosphäre, und sich bei dieser Expansion ständig abkühlt. Außerdem wird die untere Stratosphäre dadurch gekühlt, daß die in den Regengebieten der Tropen immer vorhandenen hochreichenden Gewittertürme kälter als ihre Umgebung sind und damit entsprechend ausstrahlen und ihre Umgebung abkühlen.

Die in den Tropen aufgestiegene Luft gelangt in der Stratosphäre in einem großen meridionalen (polwärts gerichteten) Zirkulationskreislauf in die mittleren und hohen Breiten und sinkt dort ab (s. Abb. 2.4). Dabei nimmt der Druck zu und bei dieser Kompression erwärmt sich die Luft wieder. Während des Sommerhalbjahres, s. Karten vom Mai, Juli und September, wird die Stratosphäre in den mittleren und hohen Breiten kaum von der Troposphäre beeinflußt und die dort vorhandenen hohen Temperaturen sind einerseits das

Ergebnis der starken Sonneneinstrahlung und ihrer Absorption durch das Ozon, andererseits auch des eben beschriebenen Absinkens.

Mit der Annäherung des Winters ändert sich dieses Bild, s. Karten vom November, Januar und März: Zwar steigt die Luft nach wie vor am Äquator auf und sinkt über dem Polargebiet ab, doch die damit verbundene Erwärmung wird von der starken strahlungsbedingten *Abkühlung in der Polarnacht* übertroffen. Daher ist die Temperaturverteilung im Winterhalbjahr ganz anders: Wir finden nun über der Arktis ein Kältegebiet, das von einem Ring höherer Temperaturen umgeben ist. Dieser Wärmegürtel hängt mit den winterlichen Strahlströmen (jet streams) der oberen Troposphäre zusammen, die in dieser Jahreszeit besonders stark sind. In der Stratosphäre sinkt die Luft polwärts, also hier nördlich des Windmaximums ab, und da die stärksten Strahlströme im Mittel über dem Westpazifik (z. B. über Japan) angetroffen werden, finden wir dort auch die höchsten Temperaturen innerhalb des Wärmegürtels. Das heißt, daß dieses Wärmegebiet durch (vertikale) Bewegungen in der Atmosphäre zu erklären ist und nicht direkt von der Sonneneinstrahlung abhängt.

Die Höhe einer Druckfläche, d.h. die Höhe oberhalb des Meeresniveaus, bei der eine Radiosonde den entsprechenden Druck messen würde, hängt nur vom Luftdruck am Boden und von der *mittleren Temperatur* der unter der entsprechenden Druckfläche liegenden Luftsäule ab. Die 100-hPa-Fläche liegt im Mittel zwischen 15.2 und 16.8 km (Abb. 2.6) und die hier dargestellten Linien sind Linien gleicher Höhe, sogenannte Isohypsen, (vergleichbar mit den Höhenlinien in Wanderkarten!). Die einzelnen Monatsmittelkarten zeigen während des ganzen Jahres die niedrigsten Höhen über dem Polargebiet (**L**), und die höchsten in den Subtropen, meist am äußeren Rand der Karten, im Juli aber bei etwa 30°N, (**H**). Gleichzeitig ist im Juli, dem wärmsten Monat (vgl. Abb. 2.5), das Tief über der Arktis mit einem Wert von 16.4 km am schwächsten ausgeprägt. Mit abnehmendem Sonnenstand kühlt sich das Polargebiet ab und das Tief über der Arktis, der sogenannte *Polarwirbel,* wird immer tiefer, bis zu einem Wert von 15.2 km, während sich die Situation über den Subtropen nur wenig verändert. Damit wird der Höhenunterschied zwischen den Subtropen und der Arktis immer größer, d.h. die Neigung (der Gradient) der 100-hPa-Druckfläche immer steiler, je weiter wir in den Winter gehen.

Die Stärke der Winde ist proportional zur Neigung der Druckflächen und damit erkennt man, daß im Winterhalbjahr, wenn die Höhenunterschiede viel größer sind als im Sommer, die Winde stärker sein müssen als im Sommerhalbjahr. Der Wind weht parallel zu den Höhenlinien, auf der Nordhemisphäre im Uhrzeigersinn um ein Hoch, entgegengesetzt um ein Tief. Wir haben also im 100-hPa-Niveau in mittleren Breiten während des ganzen Jahres Westwind, schwach im Sommer und stark im Winter.

Das eben besprochene 100-hPa-Niveau liegt in den Tropen in der Nähe der Tropopause, aber in den höheren Breiten ist man schon 6 bis 8 km innerhalb der Stratosphäre. Der Einfluß der Zirkulation der Troposphäre ist trotzdem noch spürbar: Nicht nur, daß der Polarwirbel aus der Troposphäre auch im Sommer noch bis in die untere Stratosphäre reicht; auch andere Wetterereignisse aus der Troposphäre, wie Hoch-und Tiefdruckgebiete, sogenannte Rücken und Tröge in der vorherrschenden Westwindströmung, sind durchaus noch oft spürbar. Begibt man sich aber noch etwa 7 bis 8 km höher in die Stratosphäre, bis zum 30-hPa-Niveau, dann ändert sich dieses Bild. Die Struktur der Temperaturverteilung ist zwar noch ähnlich wie im 100-hPa-Niveau (Abb. 2.7), mit dem warmen Polargebiet im Sommer und der kalten Arktis im Winter. Es fällt aber sofort auf, daß die Subtropen nicht mehr so kalt sind, d.h., daß der Temperaturunterschied zwischen den niedrigen und den hohen Breiten deutlich geringer ist. Auffallend ist außerdem, daß im Winter das polare Kältegebiet (mit seinem Zentrum über Spitzbergen) in dieser Höhe kälter und das Wärmegebiet (mit Zentrum über Kamtschatka) wärmer ist als im 100-hPa-Niveau. Auch ist das Wärmegebiet nicht mehr so ringförmig um das Kältegebiet angeordnet.

Wirklich anders als im 100-hPa-Niveau sind jedoch die Höhenkarten für das 30-hPa-Niveau (Abb. 2.8). Diese spiegeln die Temperaturverhältnisse in den darunter liegenden Schichten wider: Im Juli ergeben die hohen Temperaturen aus der unteren Stratosphäre nun ein Hoch über dem Polargebiet, und von dort nehmen die Höhen langsam zu den Subtropen hin ab. Die Luft strömt im Uhrzeigersinn um dieses Hoch, d.h. wir haben im Sommer vorherrschende Ostwinde im ganzen Kartenbereich, und sie reichen weit hinauf in die Mesosphäre (vgl. Abb. 2.2), denn die Temperaturverteilung ist im Sommer in der ganzen Stratosphäre ähnlich wie im 30-hPa-Niveau, nur daß es bis zur Stratopause noch wesentlich wärmer wird (s. Abb. 2.1). Mit der Abkühlung der Atmosphäre zum Winter stellt sich dann die Zirkulation wieder um und das Tiefdruckgebiet aus der Troposphäre reicht schon im Herbst (September) bis in die mittlere Stratosphäre, wobei zunächst noch eine schwache Hochdruckzone bei 40–50°N erhalten bleibt. Bei fortschreitender Abkühlung vertieft sich der Polarwirbel, der dann im Januar einen etwa 25% stärkeren Gradienten und damit entsprechend stärkeren Westwind als im 100-hPa-Niveau aufweist. Dieser kalte Polarwirbel erstreckt sich ebenfalls durch die ganze Stratosphäre, wobei die vorherrschenden Westwinde noch weit in die Mesosphäre hinauf reichen (vgl. Abb. 2.2).

Von besonderer Bedeutung für die Zirkulation, d.h. für das Wettergeschehen in der winterlichen Stratosphäre der Nordhemisphäre ist das sogenannte *Aleutenhoch*. Es ist in den 30-hPa-Karten im Januar und März sehr deutlich über dem Pazifik, südlich der Aleuten–Inseln zu erkennen. Es entsteht als Resultat der schon im 100-hPa-Niveau im Zusammenhang mit dem starken troposphärischen Strahlstrom beschriebenen Wärme. Dieses Hoch, das sich im Winter und Frühjahr gelegentlich sehr verstärken kann, ist für eine gewisse Asymmetrie der Form und Lage des Polarwirbels verantwortlich, der ja in den Mittelkarten vom Nordpol zur europäischen Arktis hin verschoben ist.

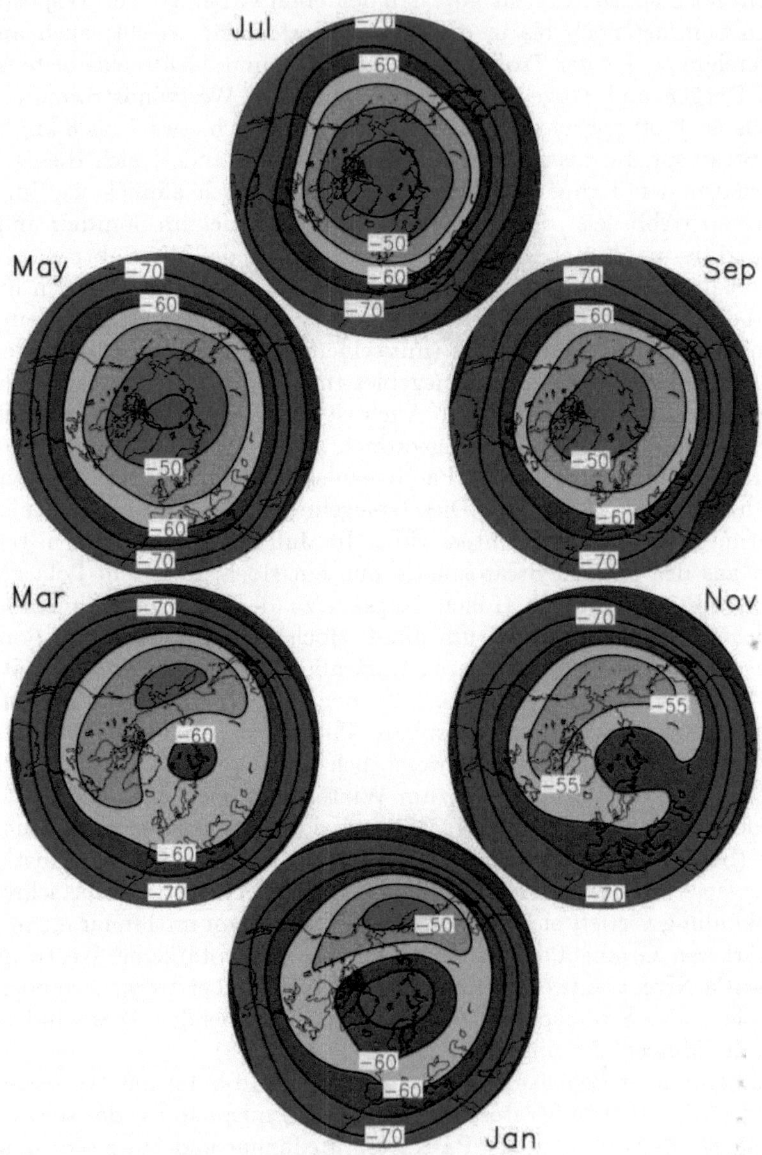

Abb. 2.5: Monatsmittelkarten der 100-hPa-Temperaturen ($^{\circ}$C) über der Nordhemisphäre für ausgewählte Monate; Zeitraum: 30 Jahre von Juli 1965–Juni 1995; Abstand der Isolinien = 5,0°C; stereographische Projektion, äußerster Breitenkreis ist 20°N. (Institut für Meteorologie, FU–Berlin)

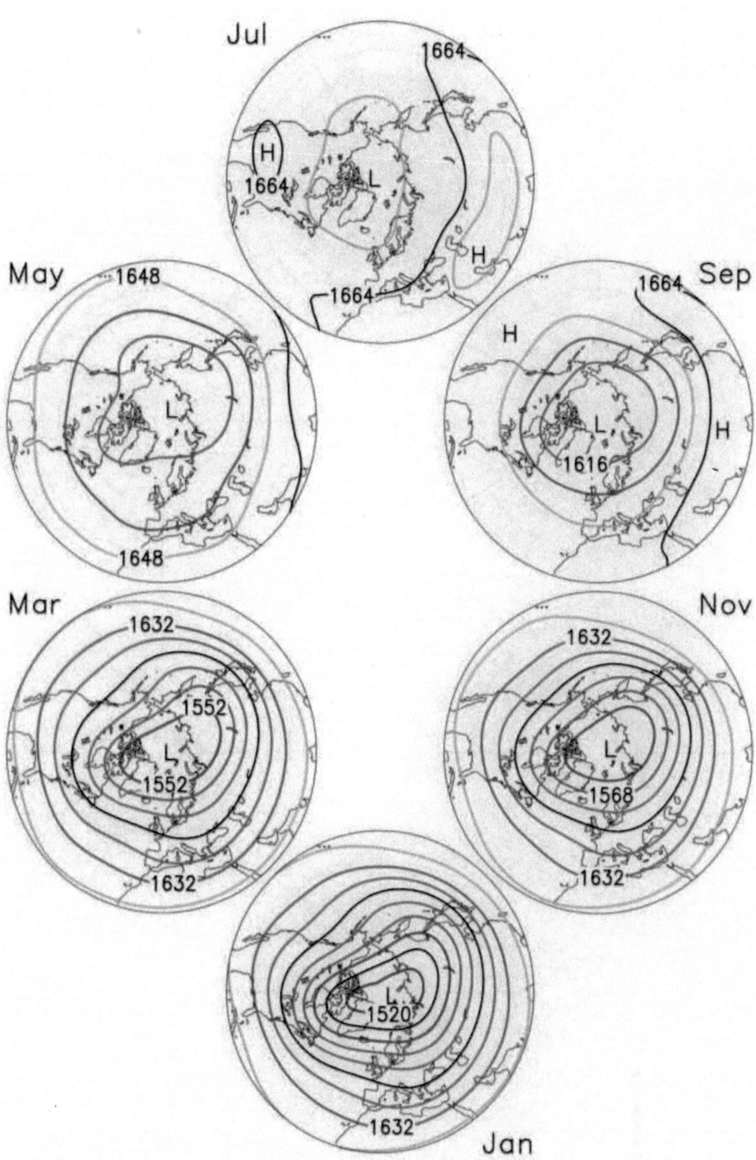

Abb. 2.6: Monatsmittelkarten der 100-hPa-Höhen (geopot. Dekameter) über der Nordhemisphäre für ausgewählte Monate; Zeitraum: 30 Jahre von Juli 1965–Juni 1995; Abstand der Isolinien = 16 Dekameter; stereographische Projektion, äußerster Breitenkreis ist 20°N. (Institut für Meteorologie, FU–Berlin)

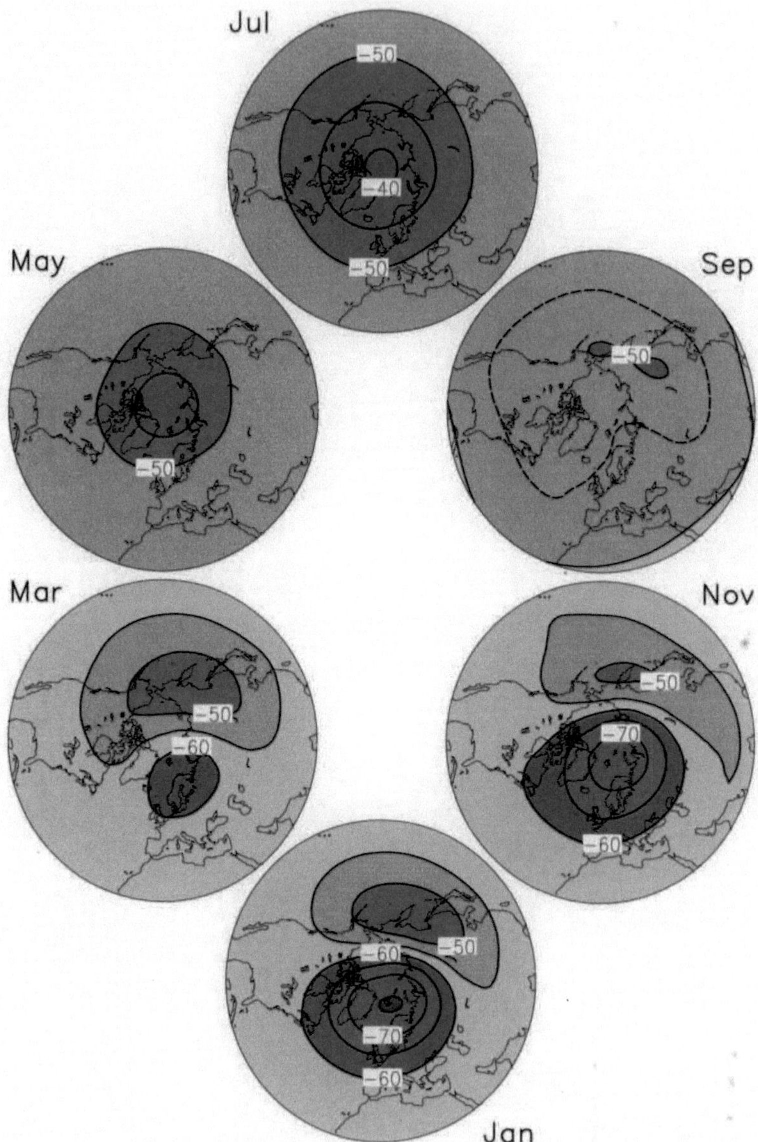

Abb. 2.7: Monatsmittelkarten der 30-hPa-Temperaturen ($^\circ$C) über der Nordhemisphäre für ausgewählte Monate; Zeitraum: 30 Jahre von Juli 1965–Juni 1995; Abstand der Isolinien = 5,0°; stereographische Projektion, äußerster Breitenkreis ist 20°N. (Institut für Meteorologie, FU–Berlin)

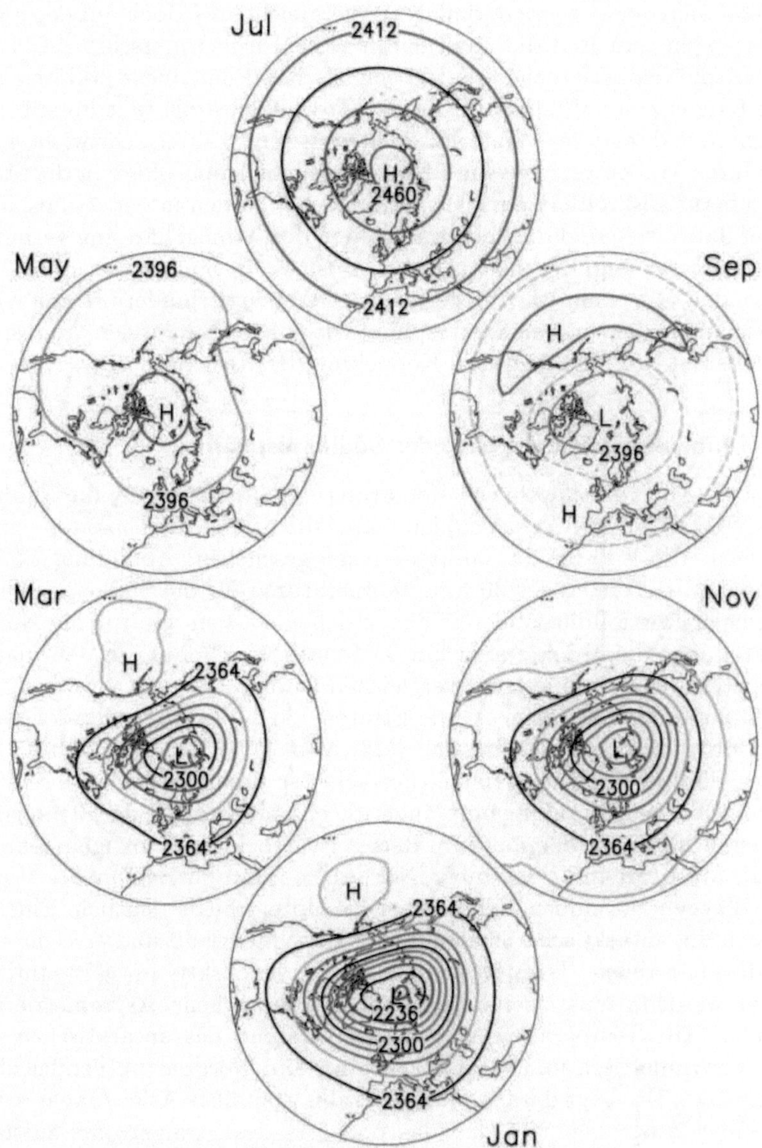

Abb. 2.8: Monatsmittelkarten der 30-hPa-Höhen (geopot. Dekameter) über der Nordhemisphäre für ausgewählte Monate; Zeitraum: 30 Jahre von Juli 1965–Juni 1995; Abstand der Isolinien = 16 Dekameter; stereographische Projektion, äußerster Breitenkreis ist 20°N. (Institut für Meteorologie, FU–Berlin)

Die Bedeutung dieser durch das Aleutenhoch verursachten Asymmetrie für die Zirkulation des ganzen Winters wird im Kapitel 3 beschrieben, und es soll hier schon angemerkt werden, daß es ein vergleichbares Hoch auf der Südhemisphäre nicht gibt und daß man damit wesentliche Unterschiede zwischen den Hemisphären bezüglich der stratosphärischen Phänomene erklären kann.

Die Existenz der Westwinde von der Troposphäre bis weit hinauf in die Mesosphäre während des Winterhalbjahres ist physikalisch sehr wichtig, weil sich dadurch Wellen verschiedener Skalen aus der Troposphäre in die Stratosphäre hinauf ausbreiten können (s. Kasten 2.3: Wellen in der Atmosphäre). In dieser Jahreszeit sind die beiden Regionen der Atmosphäre eng verbunden und beeinflussen sind gegenseitig. Anders ist es im Sommer, wenn die vorherrschenden Ostwinde die Ausbreitung der Wellen verhindern. Dann wirken die Ostwinde in der unteren Stratosphäre wie ein Deckel auf der Troposphäre und es besteht nur eine schwache Koppelung der Regionen.

2.2.5   Monatsmittelkarten über der Südhemisphäre

Mit den eingangs beschriebenen überarbeiteten Analysen für die Südhemisphäre (NCEP/NCAR–Analysen) kann man die beiden Hemisphären sehr gut vergleichen. Dies soll für das 30-hPa-Niveau geschehen. Abbildung 2.9 zeigt die Monatsmittelkarten der 30-hPa-Temperaturen für die Südhemisphäre in der gleichen Darstellung und mit den gleichen Farben wie für die Nordhemisphäre, aber die Monate sind um 6 Monate verschoben, so daß man die Jahreszeiten direkt miteinander vergleichen kann.

Im Januar (Südsommer) ist die Stratosphäre über der Antarktis etwas wärmer als über der Arktis im Juli (vgl. Abb. 2.7). Dies läßt sich dadurch erklären, daß die Erde im Januar (Perihel) der Sonne näher ist als im Juli und dadurch mehr Strahlung empfängt, die entsprechend in der Stratosphäre absorbiert wird. Der Übergang zum Herbst ist in beiden Halbkugeln sehr ähnlich, vgl. März/SH mit September/NH. Aber schon zu Beginn des Winters (Mai/SH gegen November/NH) werden die Unterschiede deutlich: Einerseits kühlt sich die antarktische Stratosphäre viel schneller ab und erreicht schon im Frühwinter tiefere Temperaturen als über der Arktis im Mittwinter beobachtet werden, andererseits ist die oben besprochene Asymmetrie nicht vorhanden. Die Temperaturverteilung ist während des antarktischen Winters sehr symmetrisch und es gibt kein mit dem Nordpazifik vergleichbares Wärmegebiet. Das liegt daran, daß der Strahlstrom über Asien/Japan stärker ist als über Australien und daß das polwärts des Strahlstroms auftretende Absinken über dem Nord–Pazifik deshalb viel stärker ist als südlich von Australien. Durch die Asymmetrie auf der Nordhemisphäre entwickeln sich große, sogenannte planetarische Wellen (s. Kasten 2.3 „Wellen in der Atmosphäre"), die ähnlich wie die troposphärischen Tiefdruckgebiete ständig wärmere Luft aus mittleren Breiten in das Polargebiet transportieren und somit eine rein strahlungsbedingte Abkühlung in der Polarnacht verhindern. Da dies auf der Südhemisphäre nur in viel geringerem Ausmaß der Fall ist, kühlt sich die Stratosphäre der Antarktis während der Polarnacht sehr stark ab und ist im Mittwinter (Juli/SH) über dem Südpol mit Mitteltemperaturen nahe -90°C etwa 15 Grad kälter als das arktische Kältezentrum im Januar. Besonders dramatisch sind die Unterschiede dann im Frühling: Während der Übergang zum Sommer über der Nordhemisphäre oft schon im März stattfindet (s. Kap. 3), bleibt der antarktische Polarwirbel noch bis Ende Oktober sehr kalt und sehr stark, und damit wird die Möglichkeit geschaffen, daß das Ozon durch komplizierte chemische Prozesse zerstört werden kann, wenn die Sonne und ihre UV–Strahlung im Frühjahr zurückkommt (s. Kap. 5).

Auch ein Vergleich der 30-hPa-Höhenkarten zeigt die Unterschiede zwischen den Hemisphären eindrucksvoll (Abb. 2.10). Im Sommer ist die Struktur noch ähnlich, denn in beiden Fällen wird die Zirkulation von einem polaren Hochdruckgebiet bestimmt. Da aber die *darunter liegende* antarktische Troposphäre so viel kälter ist als die arktische, kann sich das stratosphärische Polarhoch über der Antarktis nicht so kräftig entwickeln wie das arktische, obwohl doch die 30-hPa-Temperaturen über der Antarktis etwas höher sind (Abb. 2.9, Januar). Insgesamt ist also das südhemisphärische Polarhoch, und damit auch der Ostwind, wesentlich schwächer ausgeprägt als das nordhemisphärische. (Man beachte: Auf der Südhemisphäre weht der Wind umgekehrt um die Druckgebiete: im Uhrzeigersinn um ein Tief, entgegengesetzt um ein Hoch).

Der Übergang zum Herbst ist über beiden Hemisphären ähnlich und rein rechnerisch beträgt die Abnahme der Höhen über beiden Polen etwa 70 Dekameter (also etwa 700 geometrische Meter). Dennoch ist das Tief über der Antarktis schon stärker entwickelt, was man an der Höhendifferenz zu dem Hochdruckring in etwa 40°Breite erkennt: Die Differenz ist dreimal größer über der Süd- als über der Nordhemisphäre.

Entsprechend der oben beschriebenen starken Abkühlung während des südpolaren Winters entwickelt sich ein extrem starker, sehr symmetrischer Polarwirbel, der auch in den Mittelkarten fast doppelt so stark ist wie der nordpolare, vgl. Juli/SH mit Januar/NH. Besonders kraß werden die Unterschiede im Frühling: Vergleicht man September/SH mit März/NH, dann kann man im September zwischen den Subtropen und dem Innern des Wirbels 17 Höhenlinien zählen, das entspricht einer Differenz von 272 Dekametern, (d.h. etwa 2720 m), während es im März nur 7 Linien, also 112 Dekameter sind. Das bedeutet, daß der südpolare Wirbel im Frühling noch mehr als doppelt so stark ist wie der nordpolare. Und dieser Unterschied bleibt auch im Frühsommer noch bestehen, vgl. November/SH mit Mai/NH: Während wir auf der Nordhemisphäre schon das Sommerhoch vorfinden, ist über der Südhemisphäre der Wirbel noch fast so stark wie über der Nordhemisphäre zwei Monate vorher (vgl. Kap. 3.4 und 5.4).

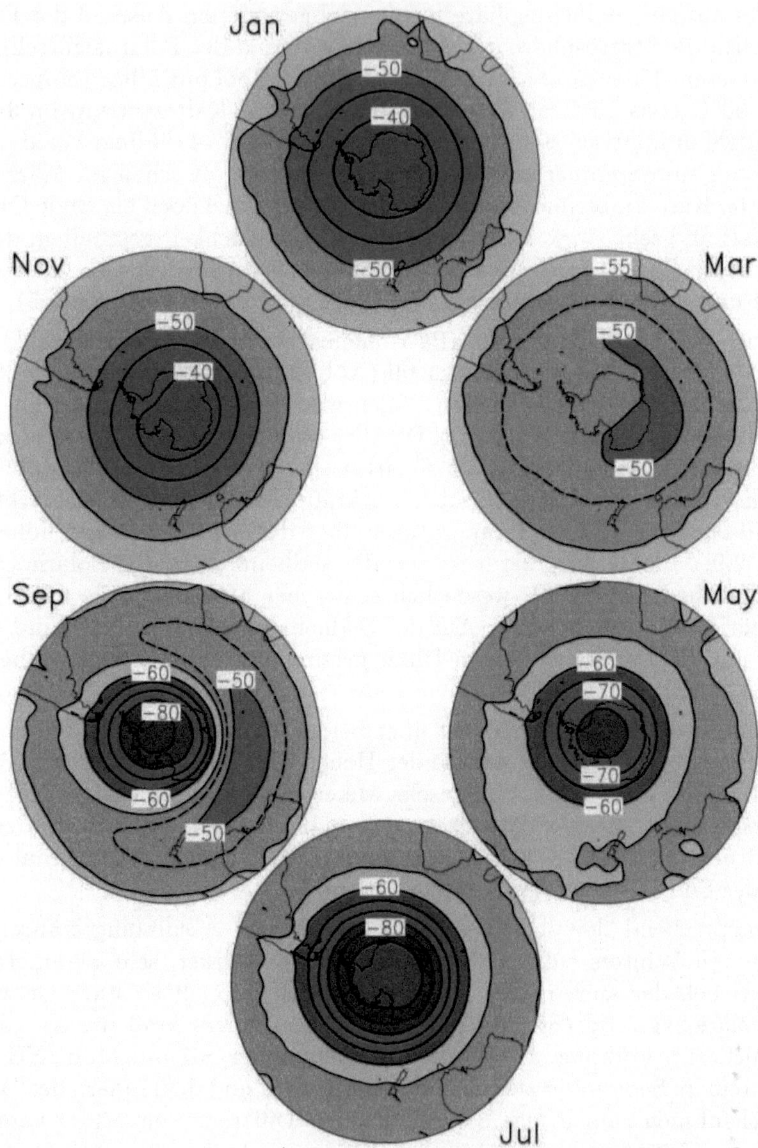

Abb. 2.9: Monatsmittelkarten der 30-hPa-Temperaturen (^{o}C) über der Südhemisphäre für ausgewählte Monate; Zeitraum: 29 Jahre, 1968–1996; Abstand der Isolinien = 5.0^{o}; stereographische Projektion, äußerster Breitenkreis ist 20°S. (Institut für Meteorologie, FU–Berlin, aus NCEP/NCAR Neuanalysen)

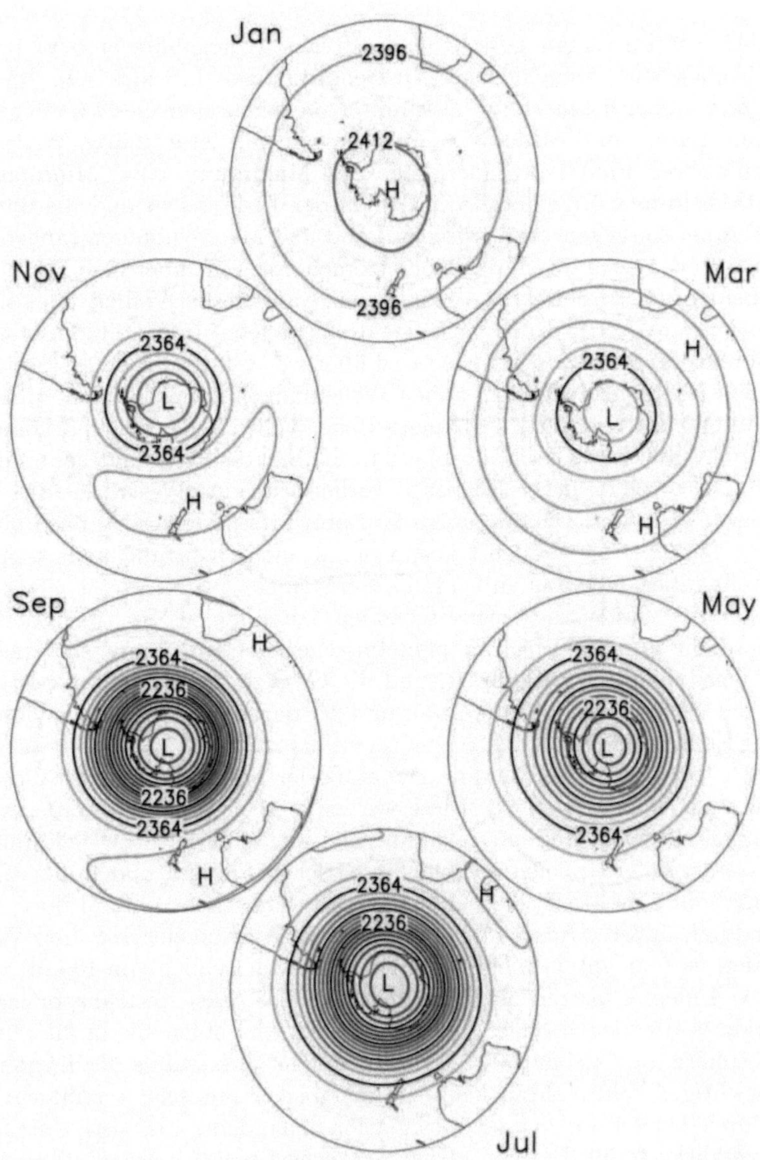

Abb. 2.10: Monatsmittelkarten der 30-hPa-Höhen (geopot. Dekameter) über der Südhemisphäre für ausgewählte Monate; Zeitraum: 29 Jahre, 1968–1996; Abstand der Isolinien = 16 Dekameter; stereographische Projektion, äußerster Breitenkreis ist 20°S.(Institut für Meteorologie, FU–Berlin, aus NCEP/NCAR Neuanalysen)

Wellen in der Atmosphäre (Kasten 2.3)

Ähnlich wie im Ozean gibt es in der freien Atmosphäre eine Vielzahl von Wellen ganz verschiedener Größenordnungen („Scales") in Raum und Zeit, die sich innerhalb bestimmter physikalischer Gesetzmäßigkeiten ausbreiten. In diesem Buch sprechen wir von „stationären Wellen", die mit ihrer Phase, d.h. der Lage des Maximums bzw. Minimums, praktisch immer über derselben Region der Erde liegen und die durch die Temperaturgegensätze zwischen Land und Meer entstehen (angeregt werden), oder auch durch das Überströmen von Luft über Gebirge, oder von beidem. Außerdem sprechen wir von „wandernden Wellen", das sind die meteorologischen Hoch- und Tiefdruckgebiete, die z.B durch starke Temperaturgegensätze entstehen und über weite Teile der Erde wandern können. Die längsten Wellen haben Wellenlängen in der Größenordnung von 10 000 km. Sie werden „planetarische Wellen" genannt und können sich im Winter aus der Troposphäre in die Stratosphäre und höher ausbreiten, weil die in dieser Jahreszeit vorherrschenden Westwinde dies erlauben. Dabei wird Energie horizontal polwärts und vertikal nach oben transportiert. Diese Wellen transportieren auch Ozon und andere Spurenstoffe, aber auch das vulkanische Aerosol.

Im Sommer wirken die vorherrschenden Ostwinde als Sperre und verhindern die Ausbreitung der planetarischen Wellen. Dann sind beide Sphären dynamisch entkoppelt, und die Gesetze der Strahlung bestimmen die Verteilung der Temperatur und der daraus resultierenden Höhen in der Stratosphäre.

Andere wichtige Wellen für die Dynamik der Stratosphäre sind die sogenannten „Schwerewellen". Diese werden z. B. beim Überströmen von Gebirgen ausgelöst und ein bekanntes Beispiel sind die Leewellen hinter den Gebirgen. Aber auch an meteorologischen Fronten und in der Umgebung von Gewitterwolken entstehen Schwerewellen, überall dort, wo Luft durch äußere Umstände zur Bewegung gezwungen wird. Ihre Wellenlänge ist sehr unterschiedlich, aber typisch im Bereich von 10 km, also sehr viel kleiner als die planetarischen Wellen. Auch sie transportieren Energie in die Stratosphäre, aber auch noch viel höher bis in die obere Mesosphäre, und sie sind für das vollständige Verständnis der Dynamik ein wichtiger Faktor. Man kann sie aber bisher nur sehr vereinfacht in den Modellen der allgemeinen Zirkulation behandeln, was bestimmte Defizite erklären kann. Ein kompliziertes Wechselspiel der Ausbreitung von Schwerewellen führt in den Tropen zur Ausbildung der QBO (s. Kasten 4: „Theorie der Entstehung der QBO" im Kapitel 4).

2.3 Variabilität und Trends

Die Themen „Natürliche Variabilität" und „Trends" sollen in allen Kapiteln dieses Buches angesprochen werden, denn es ist ja gerade mein Anliegen, die natürliche Variabilität von möglicherweise „anthropogenen" Trends zu unterscheiden. Im folgenden sollen die natürliche Variabilität der Temperatur in der Stratosphäre behandelt und zum Thema „Trend" einige ausgewählte Beispiele gezeigt werden. Auf die besonderen Verhältnisse im Winter und Frühjahr wird im Kapitel 3 noch detailliert eingegangen.

In der heutigen Zeit lesen wir sehr viel über Trends in der Atmosphäre:

- Z. B. über eine Zunahme des Treibhauseffekts, der durch den Anstieg von Kohlendioxid, Methan und anderen „Treibhausgasen" entsteht. Die Zunahme dieser Gase hängt sehr eng mit der Zunahme der Weltbevölkerung zusammen.

- Oder über eine Abnahme des stratosphärischen Ozons wegen der anthropogenen FCKW.

- Oder über eine Zunahme des troposphärischen Ozons besonders im Sommer (Sommersmog) wegen des zunehmenden Straßen- und Flugverkehrs, u. a.

Als Folge dieser Trends soll z. B. in der Troposphäre die Temperatur wegen des verstärkten Treibhauseffekts zunehmen („Global Warming"), wegen der Abnahme des stratosphärischen Ozons aber abnehmen.

In der Stratosphäre „erwartet" man eine Abkühlung, sowohl wegen des Treibhauseffekts als auch wegen der Ozonabnahme. Das könnte zu einem sich selbst verstärkenden Effekt (positive feedback) führen, wodurch der Polarwirbel immer kälter und dabei stabiler werden würde. Dies wiederum könnte in der Arktis zu „antarktischen" Verhältnissen führen, den Übergang zum Sommer verzögern und damit länger eine Möglichkeit zur Ozonzerstörung bieten (vgl. Kap. 5). Diese „Erwartungen" beruhen auf Modellrechnungen, die aber bisher meistens nur die Einflüsse der Chemie und der Strahlung berücksichtigen und noch nicht die gleichzeitig entstehenden dynamischen Rückkoppelungen. Die Diskussion über den Temperaturtrend im März (Abb. 2.12) zeigt aber, daß das ganze Problem wohl komplexer sein muß und daß man nicht so einfach von einem negativen Temperaturtrend in der Stratosphäre sprechen kann.

Die Beurteilung der sehr komplizierten Zusammenhänge wird in der Stratosphäre außerdem dadurch erschwert, daß man hier bestenfalls Messungen seit etwa 40 Jahren hat und daß gleichzeitig die Unterschiede zwischen den einzelnen Jahren, d.h. die Variabilität von Jahr zu Jahr (interannual variability) in einigen Regionen und Jahreszeiten sehr groß ist.

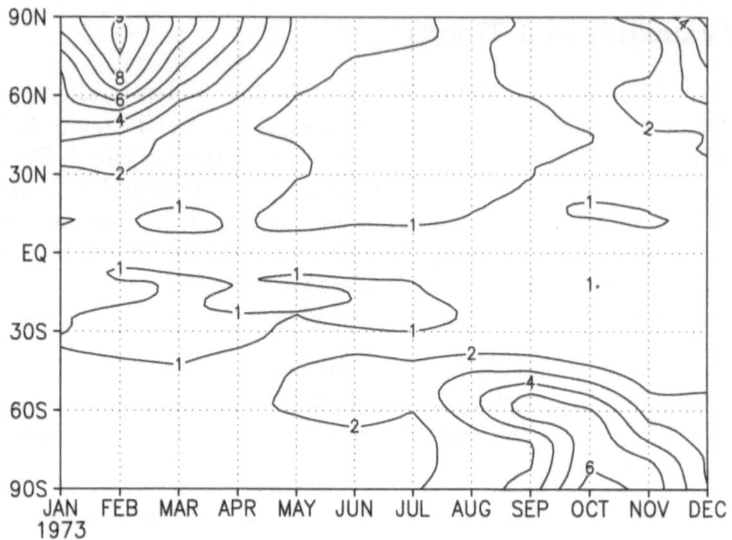

Abb. 2.11: Globale Verteilung der Standardabweichungen (°C) der 30-hPa-Monatsmittel-temperaturen; Zeitraum 1973–1995. (Institut für Meteorologie, FU–Berlin, aus NCEP/NCAR Neuanalysen)

2.3.1 Variabilität der Temperatur von Jahr zu Jahr

Als Maß für die Variabilität der 30-hPa-Temperaturen von Jahr zu Jahr ist in der Abbildung 2.11 die Standardabweichung (Streuung) der 30-hPa-Monats-mitteltemperaturen über der Erde dargestellt. Diese Variabilität von Jahr zu Jahr ist in den Tropen und im Sommerhalbjahr klein und nimmt zum Winter und zu den hohen Breiten zu: Sie ist am größten im Nordpolargebiet von Januar bis März. Dies hängt mit dem Auftreten (oder Fehlen) der großen Stratosphärenerwärmungen (Berliner Phänomen) zusammen (s. Kap. 3).

Im Kapitel 3.4 wird gezeigt werden, daß über der Antarktis im Winter große (major) Stratosphärenerwärmungen, die zu einem Zusammenbruch des Polarwirbels führen, nicht auftreten, weil der Wirbel so extrem kalt und stabil ist. Diese Stabilität verhindert das Eindringen von Wellen in die Antarktis. So bleiben die Wellen mehr in 60°S und sorgen dort für eine starke Variabilität ab August (s. Abb. 2.11). Erst im Frühjahr wird die stärkste Variabilität über der Antarktis beobachtet, d.h. im Oktober und November, der Zeit der *Final Warmings.*

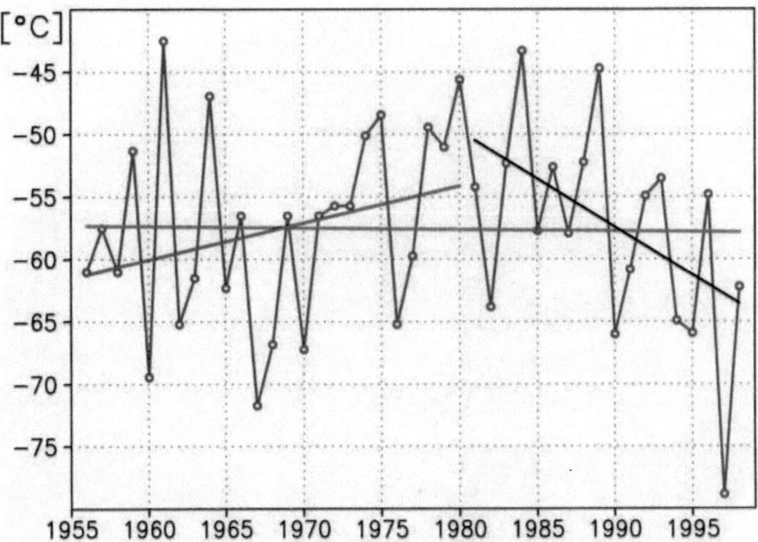

Abb. 2.12: Zeitreihe der 30-hPa-Monatsmitteltemperaturen im März über dem Nordpol, von 1956 bis 1998. Der lineare Trend ist für 3 verschiedene Perioden eingezeichnet. (Institut für Meteorologie, FU–Berlin)

2.3.2 Temperaturtrends in der Stratosphäre

Frühling

Wenn die Variabilität über der winterlichen Arktis von Jahr zu Jahr so groß ist, wie oben beschrieben, ist es fast unmöglich, aus den bisher vorhandenen Daten von etwa 40 Jahren einen Trend zu bestimmen: Das Beispiel der 30-hPa-Monatsmitteltemperatur im März am Nordpol soll hier als Warnung dienen! Die Abbildung 2.12 zeigt die Monatsmittel für März seit 1956, und wenn man *alle* Werte für die Berechnung eines linearen Trends (best fit, Methode der kleinsten Quadrate) berücksichtigt, dann erhält man praktisch keinen Trend: -0,09°C/Dekade! Nimmt man die ersten 25 Jahre, dann erhält man einen signifikanten positiven Trend, und beginnt man mit der „Trend"-Berechnung erst im Jahr 1981, dann erhält man hier einen „signifikanten" negativen Trend von -8,16°C/Dekade für die 17 Jahre bis 1997!

In Wirklichkeit kann man nicht sagen, daß die Märze (oder auch Januar bzw. Februar, s. Kap. 3) kälter geworden sind: Abgesehen von dem Extrem des März 1997, das man meteorologisch erklären kann, ist wirklich kein Trend zu erkennen. Und diese Aussage ist sehr wichtig für die Diskussion um eine mögliche Ausbildung eines Ozonlochs über der Arktis (s. Kap. 5).

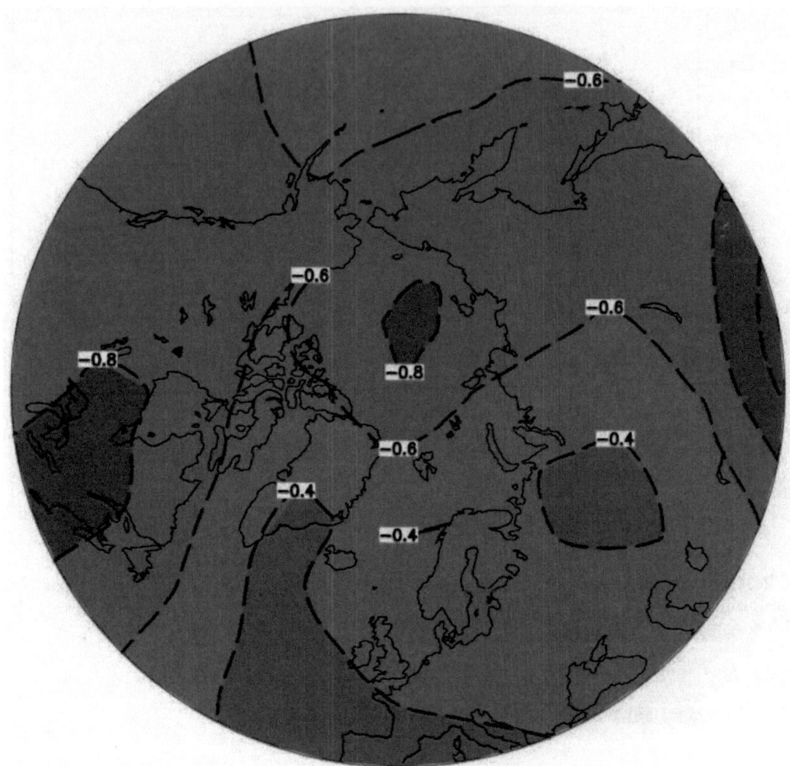

Abb. 2.13: Linearer Trend der 50-hPa-Monatsmitteltemperaturen im Juli/August (in °C/Dekade) über der Nordhemisphäre (polwärts von 40°N), für den Zeitraum von 1964 bis 1996. (Institut für Meteorologie, FU–Berlin)

Sommer

Wie oben gezeigt wurde, ist die Variabilität von Jahr zu Jahr im Sommer verhältnismäßig gering, so daß man Trenduntersuchungen besser in dieser Jahreszeit durchführen sollte. Tatsächlich ist festzustellen, daß die Temperatur in der Stratosphäre im Sommer und im Herbst seit Beginn ausreichender Messungen, d.h. seit etwa 1964, signifikant abgenommen hat. Als ein Beispiel soll der Trend der 50-hPa-Temperaturen im Juli/August gezeigt werden (Abb. 2.13. In dieser Karte, in der Linien gleichen Trends dargestellt sind, erkennt man überall negative Trends bis zu -0,8°C/Dekade.

Es wurde vorne ausgeführt, daß man in der Stratosphäre eine Abkühlung erwartet, einerseits als ein Resultat des verstärkten Treibhauseffekts durch den Anstieg entsprechender Gase, wie Kohlendioxid und Methan, andererseits auch durch die Abnahme des Ozons. Da sich die *Troposphäre* bis jetzt über der Arktis aber noch gar nicht erwärmt hat, man dort z. B. über Grönland sogar *ebenfalls einen negativen Trend* festgestellt hat, steht eine vollständige Erklärung der Prozesse noch aus. Eine Überwachung der Verhältnisse in der Stratosphäre muß daher unbedingt weiterhin durchgeführt werden, da verschiedene Fakten, wie z. B. die Ozonabnahme über der Antarktis, darauf hinweisen, daß die Stratosphäre eine außerordentlich sensible Region in unserer Atmosphäre ist, in der man globale Veränderungen vermutlich zuerst feststellen kann.

Literatur

Bailey M.J., O'Neill A., Pope V.D. (1993): Stratospheric analyses produced by the United Kingdom Meteorological Office. J.Appl.Met., **32**, 1472–1483.

Barnett J.J., Corney M.(1985): Middle atmosphere reference model derived from satellite data. In: Labitzke K.,Barnett J.J., Edwards B. (eds.): MAP Handbook, **16**, 47–85.

CIRA 1972: COSPAR International Reference Atmosphere 1972; Cole A.E. et al., (eds.). Akademie–Verlag, Berlin.

CIRA 1986: COSPAR International Reference Atmosphere 1986; Rees D., Barnett J.J., Labitzke K., (eds.). Pergamon Press, Oxford.

Fleming E., Chandra S., Schoeberl M., Barnett J.J. (1989): Monthly mean global climatology of temperature, wind, geopotential height, and pressure for 0–120 km; in **CIRA 1986**.

Kalnay E., Kanamitsu M., Kistler R., Collins W., Deaven D., Gandin L., Iredell M., Saha S., White G., Woollen J., Zhu Y., Chelliah M., Ebisuzaki W., Higgins W., Janowiak J., Mo K.C., Ropelewski C., Wang J., Leetma A., Reynolds R., Roy Jenne and Dennis Joseph (1996): The NCEP/NCAR 40–year reanalysis project. Bull.Am.Met.Soc., **77**, 437–471.

World Meteorological Organisation (1985): Atmospheric Ozone **1985**. Assessment of Our Understanding of the Processes Controlling its Present Distribution and Change. WMO Global Ozone Research and Monitoring Project– Report No.16.

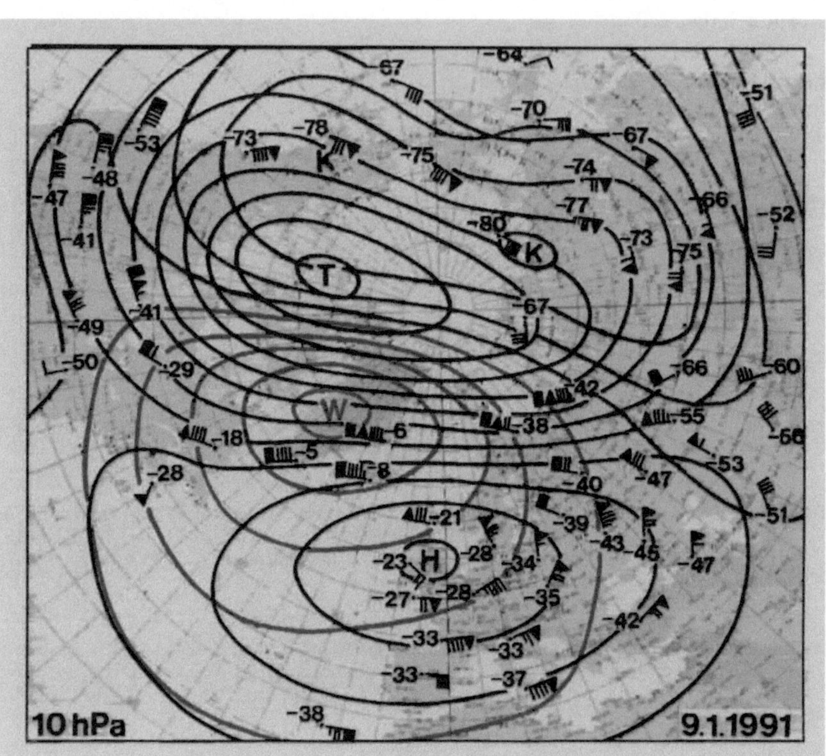

10 hPa
9.1.1991

3 Warme und kalte Winter in der Stratosphäre

3.1 Einleitung

Nach Scherhags Entdeckung der mittwinterlichen Erwärmungen in der Stratosphäre begann eine sehr intensive Erforschung dieser Region der Atmosphäre, zunächst immer noch unter dem Mangel an Daten. Mehrere Forscher bestätigten Scherhags Ergebnisse, und es wurde immer deutlicher, daß die Stratosphärenerwärmungen ein wichtiger Bestandteil der allgemeinen Zirkulation der Stratosphäre, ja der gesamten Atmosphäre im Winter sind.

Besonders in den Jahren des IGY (International Geophysical Year), 1957 und 1958, wurden viele neue Radiosondenstationen eingerichtet oder bestehende verbessert und es wurde möglich, tägliche Wetterkarten aus der Stratosphäre, zumindest für die Nordhalbkugel, zu analysieren (s. Kap. 1.5.3).

Später kamen dann auch Daten von meteorologischen Raketen hinzu, die Informationen über Druck, Temperatur und Wind aus der oberen Stratosphäre und Mesosphäre in einer sehr guten vertikalen Auflösung lieferten. Leider blieb die Anzahl der Stationen, die solche Raketen abfeuern konnten, sehr klein (s. Kasten 2.1).

Heute mißt man mit Meßgeräten an Bord von Satelliten die Ausstrahlung der Erde in verschiedenen Spektralbereichen und schließt daraus auf die Temperatur in bestimmten atmosphärischen Schichten, wobei die vertikale Auflösung aber nicht so gut ist wie mit Radiosonden und Raketen (s. Kasten 2.2). So liefert für viele Untersuchungen eine sorgfältige Mischung aller Daten das beste Ergebnis.

In diesem Sinne wurden die täglichen Analysen der Stratosphärenkarten in Berlin bis heute fortgeführt und man hat nun Daten von mehr als 40 Wintern zur Verfügung, mit denen man die Variabilität der Stratosphäre untersuchen kann.

Diese Variabilität ist in der winterlichen Arktis besonders groß, wie die Abb. 3.1 deutlich zeigt: Die für Januar und Februar gemittelten Temperatu-

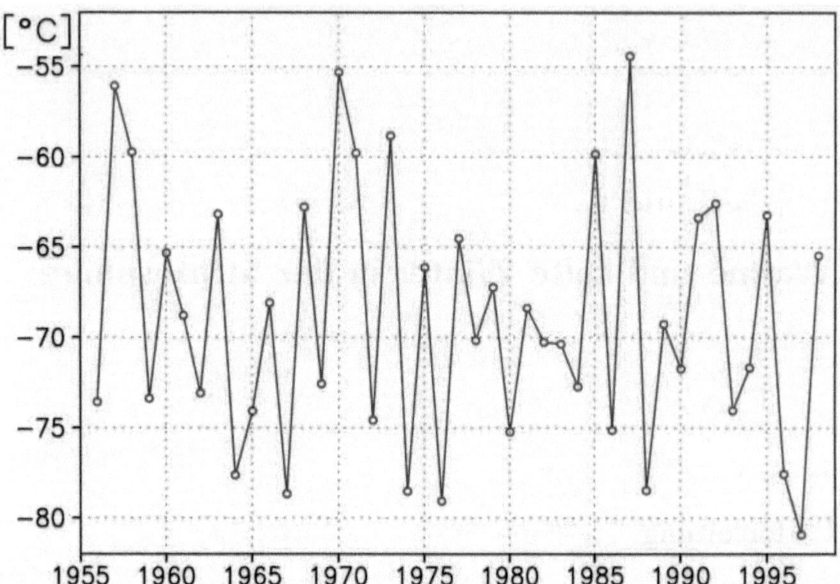

Abb. 3.1: Zeitreihe der 30-hPa-Temperaturen ($^\circ$C) im Januar und Februar am Nordpol, 1956–1998. (Institut für Meteorologie, Freie Universität Berlin)

ren schwanken zwischen Werten unter -80°C und solchen von -54°C, d.h., wir haben es mit einem unregelmäßigen Wechsel von warmen und kalten Wintern zu tun und die Variabilität ist, besonders im Vergleich zum Sommer (s. Abb. 2.11) und im Vergleich zur Antarktis (s. Abb. 3.16) sehr groß.

Was regt nun aber diese große Variabilität der arktischen Stratosphäre an, bzw., was ist für das Auftreten der warmen und kalten Winter verantwortlich? Das ist eine Frage, die auch heute nur in Ansätzen zu beantworten ist, denn die Wechselwirkungen zwischen verschiedenen Schwingungen in der Atmosphäre (s. u.) sind noch nicht geklärt, und man kennt auch nicht den Anteil der eigenen, rein zufälligen Variabilität der Atmosphäre. Es besteht große Übereinstimmung darin, daß sich im Winter unter bestimmten Bedingungen planetarische Wellen aus der Troposphäre in die Stratosphäre ausbreiten (s. Kasten 2.3), und daß die Ursache für eine Verstärkung dieser Wellen in der Troposphäre zu suchen ist.

Es ist auch klar, daß es jedenfalls auf der Nordhemisphäre einen Zusammenhang zwischen den Unterschieden der winterlichen Zirkulation der Stratosphäre von Jahr zu Jahr und verschiedenen Schwingungen gibt, nämlich mit

- der *Southern Oscillation* (SO), einer unregelmäßigen, etwa 3–4jährigen Schwingung des Luftdrucks in den Tropen und der Wassertemperaturen im äquatorialen Pazifik (s. Kasten 3.2); und mit

- der *Quasi-Biennial Oscillation* (QBO), einer fast zweijährigen Schwingung in der Atmosphäre, die im Kapitel 4 beschrieben wird.

Aber auch externe Anregungen, wie der

- 11jährige Sonnenfleckenzyklus, (s. Kapitel 6) und

- starke Vulkaneruptionen

beeinflussen die Zirkulation in der Stratosphäre.

Dennoch ist die Vorhersage eines Winters, ob er im Polargebiet warm oder kalt sein wird und ob der Polarwirbel stark oder schwach sein wird, ähnlich wie in der Troposphäre noch nicht möglich, da die relativen Anteile der jeweiligen Anregungen noch nicht verstanden werden; ganz abgesehen davon, daß die Atmosphäre auch eine eigene Variabilität besitzt, wodurch sie auch ganz zufällig, anscheinend ohne jede Anregung von außen, von einem Zustand in den anderen wechseln kann. Diese komplizierten Zusammenhänge können auch noch nicht zufriedenstellend modelliert werden.

Das Verständnis der großen Variabilität ist aber gerade heute besonders wichtig, weil man damit z. B. erklären kann, warum sich in der Arktis bisher kein der Antarktis vergleichbares Ozondefizit ausbilden konnte, und eine Vorhersage der Entwicklung eines Winters wäre schon sehr wünschenswert, auch im Hinblick darauf, daß man damit eventuell Zusammenhänge zwischen Strato- und Troposphäre besser verstehen könnte.

Im folgenden wird nun zunächst die *Synoptik*, d.h. der meteorologische Ablauf eines „Major Midwinter Warmings" beschrieben, um das sowohl zeitlich wie räumlich große Ausmaß dieses Phänomens zu erkennen. Sodann werden Zusammenhänge zwischen der winterlichen arktischen Stratosphäre und den oben genannten Schwingungen sowie mit den großen Vulkaneruptionen aufgezeigt, und abschließend werden die Stratosphärenerwärmungen im Frühjahr, die sogenannten *Final Warmings* von Arktis und Antarktis miteinander verglichen.

3.2 Beschreibung der Synoptik eines Major Midwinter Warmings

3.2.1 Einteilung der Stratosphärenerwärmungen

Im Kapitel 2 wurde der mittlere Zustand der Stratosphäre vorgestellt und es wurde gezeigt, daß der Winter in der Stratosphäre *im Mittel* von einem kalten und starken Polarwirbel geprägt ist. Aber im Kapitel 1 wurde schon auf die von Scherhag entdeckten Stratosphärenerwärmungen hingewiesen.

Aus der Fülle der inzwischen vorliegenden Beobachtungen von Stratosphärenerwärmungen in der Arktis schälten sich im Laufe der Zeit einige typische Erwärmungsformen heraus und man teilt diese nun in vier Gruppen ein (Definitionen: Comm. for Atmosph. Sciences (CAS/WMO)):

- **Major Midwinter Warmings** sind solche Erwärmungen im Januar/Februar, die zusätzlich zu einer Erwärmung des Polargebiets mit Umkehr des winterlichen Temperaturgradienten auch zu einem *Zusammenbruch* des Polarwirbels und einer Umstellung der „normalen" Zirkulation führen. d.h., es kommt nicht nur auf die „Wärme" an, sondern darauf, inwieweit die Zirkulation geändert wird. Ein Zusammenbruch des Polarwirbels ist gegeben, wenn man im 10-hPa-Niveau in der Polarkalotte anstelle der üblichen Westwinde Ostwinde antrifft, d.h., wenn das Zentrum des Wirbels südlich des 65. bis 60. Breitenkreises liegt. Dabei kann der Wirbel nur verschoben oder aber auch geteilt sein.

- **Minor Warmings** sind solche Erwärmungen, die zwar sehr intensiv sein können und den winterlichen Temperaturgradienten umkehren, aber doch nicht zu einer Umstellung der Zirkulation im 10-hPa-Niveau oder darunter führen. Solche Erwärmungen treten auch während des Südwinters auf.

- **Canadian Warmings** sind Erwärmungen, die oft im *frühen* Winter auftreten. Sie entstehen durch eine Verstärkung und polwärts Verschiebung des Alëutenhochs, können den Temperaturgradienten und kurzfristig auch den Wind umkehren, erreichen dennoch nicht den Status eines Zusammenbruchs des Polarwirbels.

- **Final Warmings** nennt man heute die Erwärmungen, die im Frühjahr zu einer Umstellung aus der Wintersituation in den Sommer führen. Sie treten mit sehr unterschiedlicher Intensität auf, so daß man auch zwischen „major" und „minor" unterscheidet. Besonders ist aber der Zeitpunkt der erfolgten Umstellung zur Sommerzirkulation sehr unterschiedlich, so daß man von „late" und „early" Final Warmings spricht. Diese Erwärmungen treten auch auf der Südhemisphäre auf und der Unterschied zwischen Arktis und Antarktis in bezug auf diese Erwärmungen wird weiter unten ausführlich beschrieben.

Wie mit vielen anderen meteorologischen Erscheinungen ist es auch bei den Stratosphärenerwärmungen so, daß jeder Fall wie ein Individuum zu behandeln ist. Jeder Fall ist anders und man hat schon große Fortschritte gemacht, indem man zu der oben angeführten Einteilung kam. Die Einteilung basiert daher nicht nur auf dem äußeren Erscheinungsbild, ob eine Erwärmung stark oder schwächer ausgebildet ist, sondern auf der Auswirkung der Erwärmung auf die gesamte Zirkulation in der Stratosphäre, Troposphäre und Mesosphäre. Deshalb sind z. B. die „Major Warmings" an den *Zusammenbruch* des Polarwirbels gekoppelt. Eine der letzten großen (major) Stratosphärenerwärmungen, für die noch Raketenbeobachtungen aus dem Polargebiet vorliegen, war die Erwärmung des Winters 1990/91, die im folgenden beschrieben wird.

3.2.2 Das „Major Midwinter Warming" im Winter 1990/91

Zur Beschreibung der Synoptik dieser Erwärmung wurden 3 besonders interessante Tage ausgewählt, für die die Analysen des 10-hPa-Niveaus gezeigt werden, d.h., die Temperatur- und Strömungsverhältnisse in 28–30 km Höhe, nördlich von 20°N. Ein Ausschnitt der Karte vom 9.1.1991 (Abb. 3.2, oben) ist auch auf Seite 68 zur Einstimmung auf Kapitel 3 abgebildet, dort allerdings mit allen Radiosondenstationen, und es sind neben den Temperaturen auch die Winde eingetragen. Man erkennt sofort, daß im Vergleich zu den ersten Karten von 1958 (s. Abb. 1.6 und 1.7) nun viel mehr Radiosondenaufstiege die Stratosphäre erreichten, dabei mußte in einigen Gebieten sogar eine Auswahl getroffen werden.

Für die gleichen Tage werden außerdem Karten des Gesamtozongehalts gezeigt (nördlich von 20°N), der vom TOMS–Instrument (Total Ozone Mapping Spectrometer) an Bord des Nimbus-7-Satelliten gemessen wurde.

Die Temperaturverhältnisse werden farbig dargestellt, wobei *blau und lila* Kälte und *gelb und rot* Wärme signalisieren. Schon die erste Karte vom 9. Januar 1991 fasziniert mit einem großen Wärmegebiet über Grönland, in dessen Zentrum die Temperaturen über 0°Celsius liegen (rot), was mit Messungen von -5 und -6°C außerhalb des Zentrums gut belegt ist, s. S. 68. Dies sind Werte, die in all den Jahren nur sehr selten erreicht wurden, und natürlich ist die ganze Wetterlage vollkommen anders als in der Klimatologie für die „mittleren" Verhältnisse beschrieben. Das große Wärmegebiet, das mit einem Hoch über England gekoppelt ist, „schiebt" die Kälte, die typischerweise mit dem Polarwirbel bei Spitzbergen liegen müßte, weit nach Sibirien, wo wir in lila -80°C erkennen. Diese Kälte lag noch 10 Tage vorher über Grönland! Dieser erster Erwärmungsschub brachte Europa sehr viel Ozon, denn die Temperatur der mittleren Stratosphäre ist mit dem Gesamtozongehalt über vertikale und horizontale Transporte positiv korreliert. So sehen wir in den Daten von Oslo (Abb. 3.3), daß der Gesamtozongehalt von Werten unter 250 DU Mitte Dezember auf 500 DU Anfang Januar angestiegen ist (obere Kurve), und gleichzeitig ging die 30-hPa-Temperatur von -82° auf -30° herauf (untere Kurve). Die Satellitendaten des TOMS zeigen uns die Verteilung des Ozons auf der Nordhemisphäre, Abb. 3.2: Wir erkennen hohe Ozonwerte, gekoppelt mit dem Wärmegebiet (rot bis braun, d.h. mehr als 420 DU) über dem Atlantik, und die niedrigsten Werte des Ozons finden wir nahe dem Zentrum des Tiefs über Kanada (hellgrün, bis 300 DU). Im weiteren Verlauf des Januars schwächte sich dieser erste Erwärmungsschub wieder ab, es stellten sich ruhige Verhältnisse ein, bis dann Ende Januar eine neue Erwärmung, diesmal über Ostasien, begann. Nun schob das Hoch mit seinem Wärmegebiet über Sibirien das Tief und die Kälte nach Nordeuropa, wie wir in der 10-hPa-Karte vom 27. Januar 1991 gut erkennen können (Abb. 3.4).

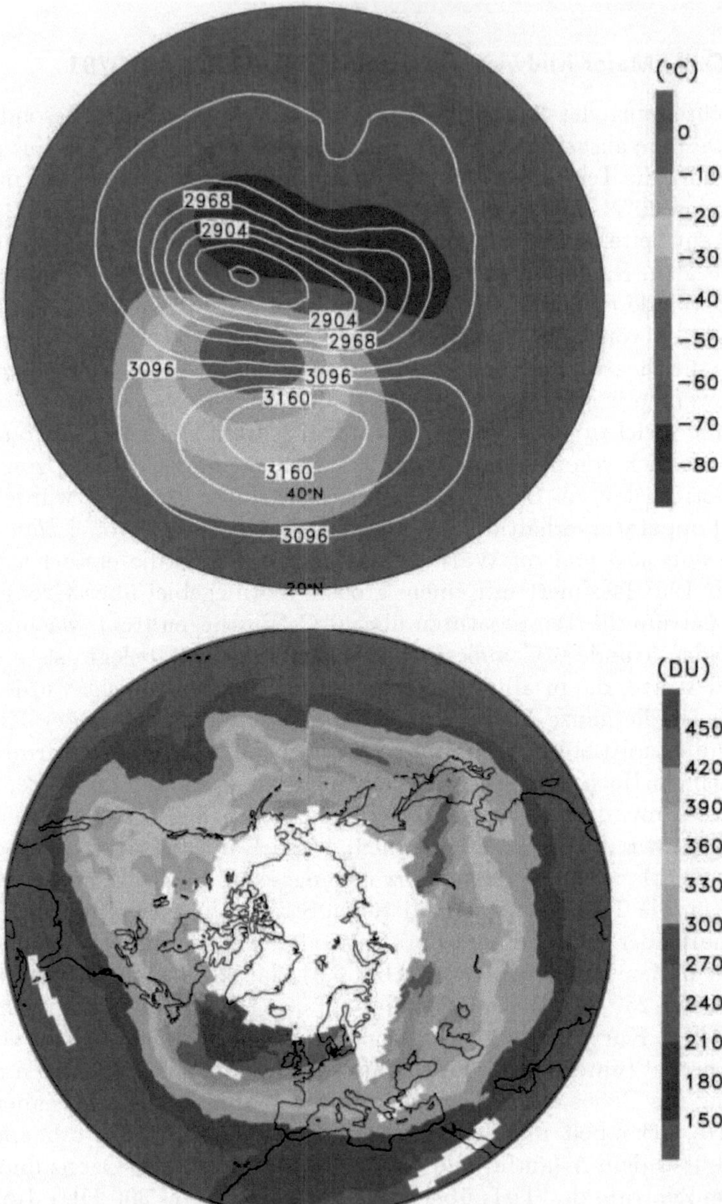

Abb. 3.2: (oben) 10-hPa-Karte für den 9. Januar 1991: Temperaturen sind farbig dargestellt, s. Skala; weiße Linien sind Höhenlinien. Beschriftung in geopot. Dekametern, d.h. 3160 = 31600 m. (Institut für Meteorologie, Freie Universität Berlin); (unten) Verteilung des Gesamtozongehalts (in Dobson Einheiten(DU), s. Skala) über der Nordhemisphäre am 9. Januar 1991.(Institut für Meteorologie, Freie Universität Berlin, aus TOMS–Daten der NASA; weiße Flächen = keine Messungen)

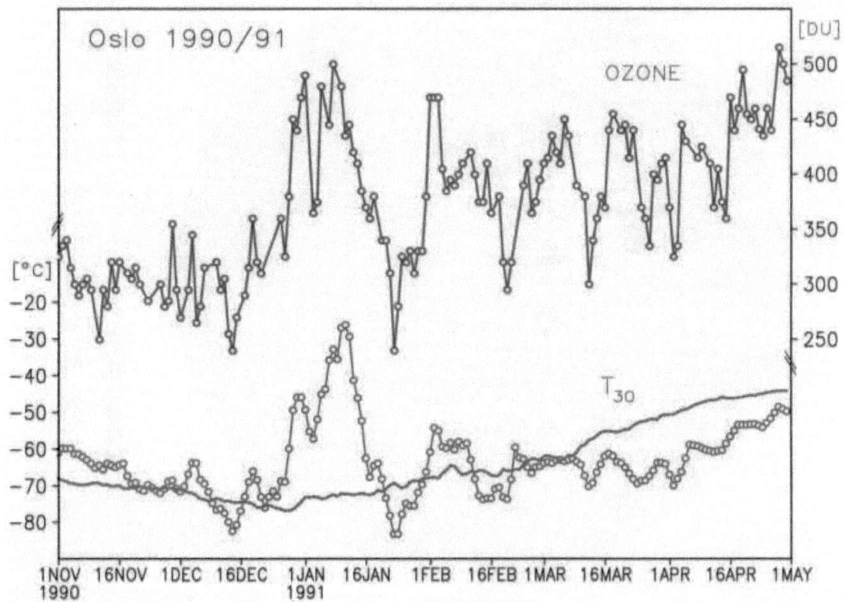

Abb. 3.3: Tägliche Werte des Gesamtozongehalts (DU) gemessen mit einem Dobson-Gerät in Oslo/Norwegen während des Winters 1990/91 (Physikalisches Institut der Universität Oslo) und tägliche 30-hPa-Temperaturen (°C) am Schnittpunkt 60°N;10°E (Daten FU Berlin; die dünne Linie ist das langjährige Mittel.) (Aus Naujokat et al. 1991)

Die Temperaturverhältnisse sind im Vergleich zum 9. Januar vollkommen entgegengesetzt: wir finden Temperaturen unter -80°C über England und Norwegen (lila), und Werte von -4°C über Nordsibirien(ocker).

Die TOMS–Daten (Abb. 3.4, unten) zeigen uns wieder die Verteilung des Gesamtozons und nun liegt das Minimum (hellgrün und dunkelgrün, d.h. bis zu 270 DU) über Skandinavien, in der Nähe des Polarwirbels und der Kälte, und hohe Werte (rot bis dunkelrot, mehr als 420 DU) findet man von Kanada bis Sibirien und vermutlich über großen Teilen des Polargebiets.

Die Ozonverteilungen vom 9. und 27. Januar sind sehr verschieden, aber in beiden Fällen handelt es sich um ganz natürliche Variationen, die man mit den meteorologischen Vorgängen erklären kann.

Entsprechend niedrig ist nun wieder der Ozongehalt über Oslo (Abb. 3.3), wo am 23. Januar mit 240 DU die niedrigsten Werte dieses Winters gemessen wurden, zusammen mit den niedrigsten Temperaturen in der Stratosphäre. Man erkennt hier deutlich, daß ein *Mittelwert* des Ozongehalts (und der Temperatur) fast nichts aussagt, weil die natürliche Variabilität so groß ist und daß sich der Ozongehalt innerhalb von 14 Tagen von einem Extrem zum anderen Extrem des Jahresverlaufs ändern kann.

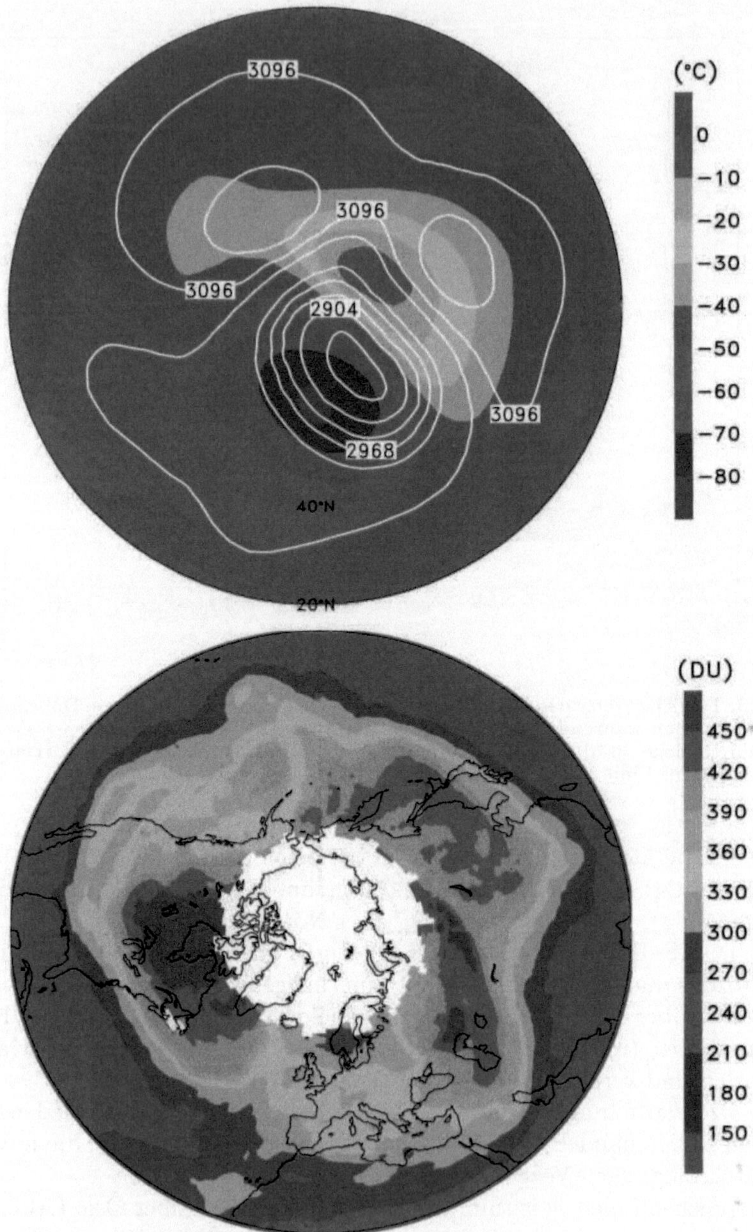

Abb. 3.4: Wie Abb.3.2, aber für den 27. Januar 1991

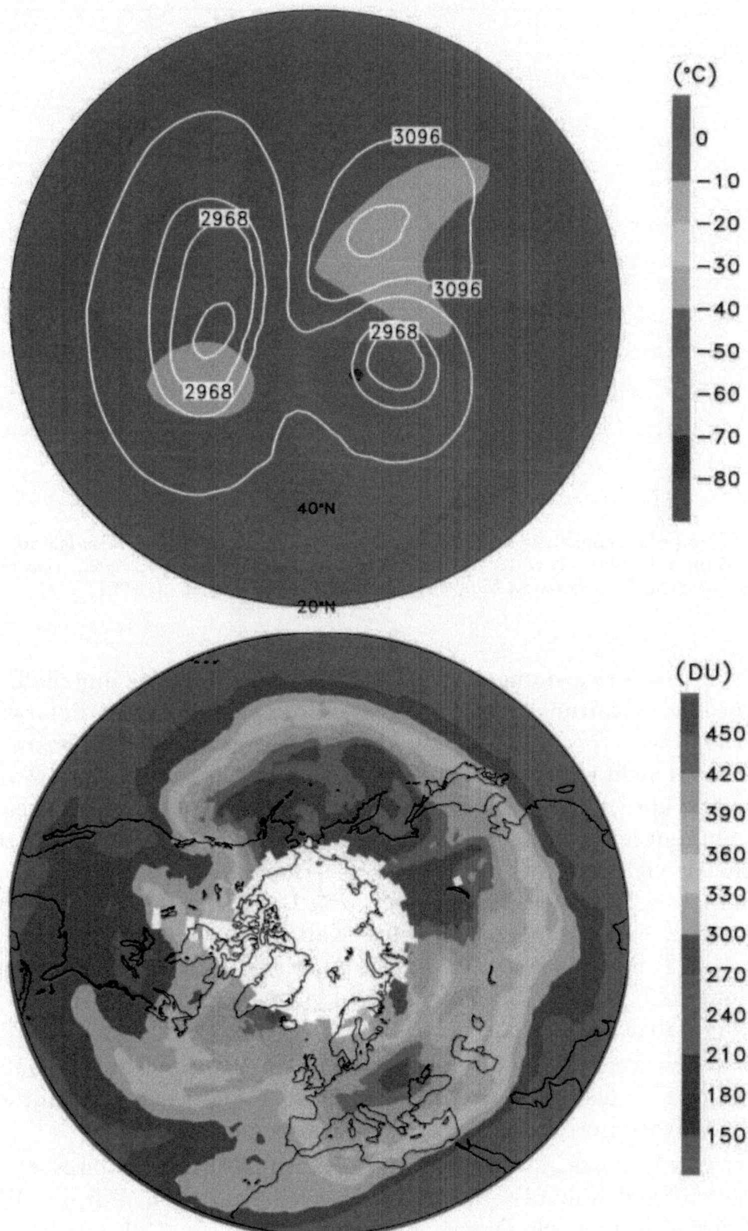

Abb. 3.5: Wie Abb.3.2, aber für den 4. Februar 1991

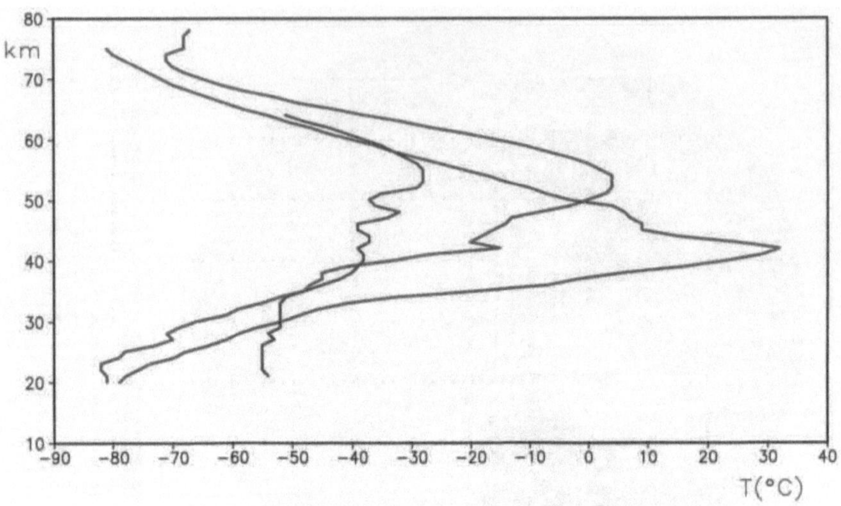

Abb. 3.6: Temperaturprofile von drei meteorologischen Raketen über Heiss Island (81°N; 58°E) im Winter 1991: blau = 18.1.1991; rot = 25.1.1991; grün = 6.2.1991. (Daten vom Central Aerological Observatory, Moskau/Rußland). (Naujokat et al. 1991)

Dieser zweite Erwärmungsschub war nun so stark, daß er innerhalb einer Woche zu einer Spaltung, also zu einem *Zusammenbruch* des Polarwirbels führte. Die Karte vom 4. Februar (Abb. 3.5) zeigt dies deutlich: zwei geschwächte und nicht mehr so kalte Restwirbel über Nordrußland und Kanada, eine Hochdruckbrücke über das Polargebiet hinweg von Westeuropa nach Ostsibirien, und nur noch schwache Wärmegebiete. Und die TOMS–Daten zeigen entsprechend: viel Ozon verbunden mit den Hochdruck- und den Wärmegebieten, und zwei Regionen mit weniger Ozon (hellgrün) genau dort, wo sich die Restwirbel und die abgeschwächten Kältegebiete befinden. Auch über Oslo (Abb. 3.3) ist das Ozon zusammen mit der 30-hPa-Temperatur (untere Kurve) innerhalb weniger Tage wieder stark angestiegen, da der Wirbel nach Nordrußland abgezogen ist.

Im weiteren Verlauf des Winters schwächten sich die Störungen ab und es kehrten wieder fast normale Winterverhältnisse ein, bis dann mit einem „early Final Warming" die Umstellung zum Sommer begann.

Bisher wurde dieses „Major Midwinter Warming" nur mit den Karten aus der mittleren Stratosphäre (etwa 30 km Höhe) beschrieben. Für den Winter 1990/91 liegen aber noch Daten von meteorologischen Raketen der russischen Station Heiss Island/Franz Joseph Land (81°N; 58°E) vor, an denen man die enormen Temperaturänderungen bis 80 km Höhe sehr gut erkennen kann (Abb. 3.6). Das erste Temperaturprofil vom 18. Januar 1991 (blau) zeigt fast normale Verhältnisse (s. Kasten 1.5), mit einer etwas höheren und etwas wärmeren Stratopause. Dramatisch ist dann aber die Erwärmung am 25. Januar (rot) zu erkennen: Die Stratopause hat sich bis in die Höhe von 42 km

abgesenkt und dabei auf +33°C (!) erwärmt, bei gleichzeitiger Abkühlung der
Mesosphäre. Die Erwärmung hängt natürlich direkt mit der großen Wärme
zusammen, die wir am 27. Januar über Sibirien sahen (Abb. 3.4). Von den
Satellitendaten wissen wir, daß in der oberen Stratosphäre das ganze Polargebiet erwärmt war. Und genauso erstaunlich ist dann das fast völlige
Verschwinden der Stratopause am 6. Februar (grün), also während des Zusammenbruchs des Polarwirbels: Während sich die Stratopausenregion um
mehr als 70° abkühlt, werden die untere Stratosphäre und die Mesosphäre
warm. Letzteres kann man hier nicht erkennen, da die Rakete nicht hoch genug gemessen hat, wir wissen dies aber aus anderen Raketenbeobachtungen.

3.2.3 Schema einer Stratosphärenerwärmung

Die Raketenaufstiege von Heiss Island vom Winter 1990/91 fügen sich ausgezeichnet in die Vorstellungen ein, die man sich in den frühen 70er Jahren
auf Grund zahlreicher Raketenbeobachtungen über den Ablauf von Stratosphärenerwärmungen gemacht hatte. Zunächst erschienen die hohen Temperaturen in der Stratopausenregion manchem (wiedereinmal!) als unglaubwürdig, da man derartig hohe Werte nie erwartet hatte. Aber nachdem die
Messungen in drei verschiedenen Wintern (1967, 1968, 1969) bestätigt wurden, mußte man sie anerkennen. Abbildung 3.7 zeigt die für den Ablauf
einer großen Stratosphärenerwärmung typischen Temperaturprofile über der
schottischen Insel West Geirinish (57°N; 7°W):

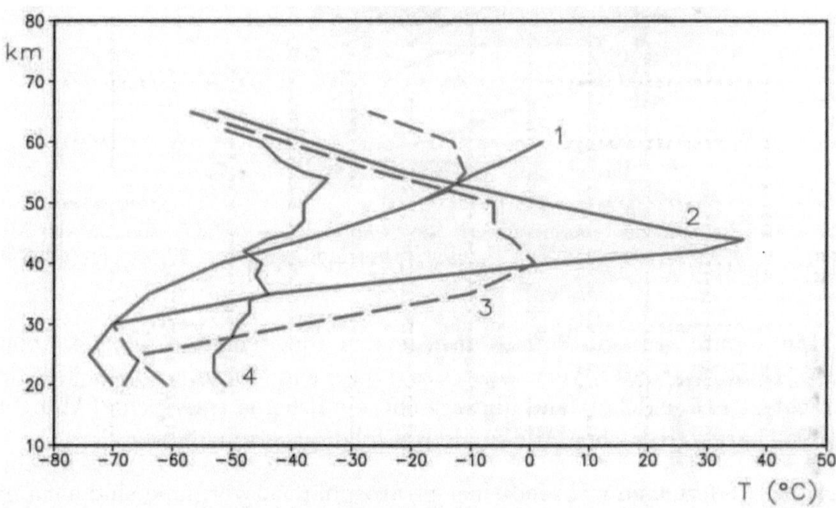

Abb. 3.7: Mittlere Temperaturprofile von meteorologischen Raketenmessungen über West
Geirinish (57°N; 7°W) für typische Phasen im Verlauf großer Stratosphärenerwärmungen,
basierend auf Messungen aus 3 verschiedenen Wintern (Labitzke 1972)

Profil **1** (blau) zeigt den Zustand der Atmosphäre im frühen Winter mit einer relativ hohen Stratopause und dem Beginn einer Erwärmung im Vergleich zum ungestörten Profil (blau, gestrichelt); Profil **2** (rot) zeigt den Höhepunkt der Erwärmung mit einer extrem warmen und dabei niedrigen Stratopause; Profil **3** (rot, gestrichelt) zeigt einen fortgeschrittenen Zustand der Erwärmung und Profil **4** (grün) die typische Temperaturverteilung während des Zusammenbruchs der winterlichen Stratosphärenzirkulation. Die gute Übereinstimmung der Messung vom 25. Januar über Heiss Island (Abb. 3.6, rotes Profil) mit dem Profil **2** läßt erstaunen, weil es sich hier nicht nur um einen anderen Winter an einer ganz anderen Station, sondern auch um vollkommen verschiedene Meßinstrumente in den Raketen handelt.

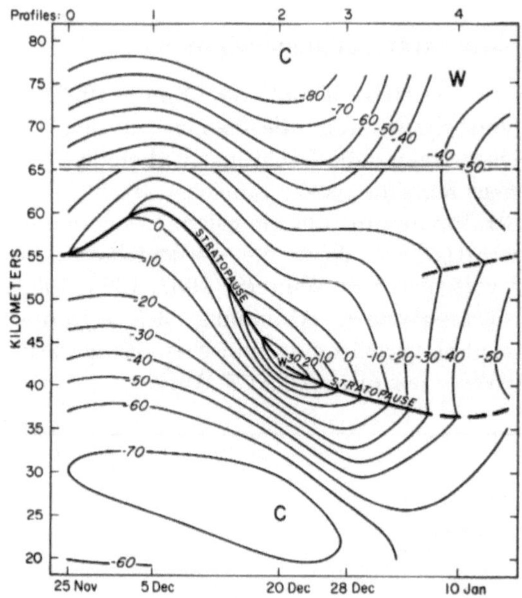

Abb. 3.8: Schematische Temperaturverteilung während des Verlaufs eines „Major Midwinter Warmings" in etwa 60°N z. B. über Schottland, zwischen 20 und 80 km Höhe (Labitzke 1972)

Man konnte aus den damals vorliegenden Raketendaten für den Ablauf eines „Major Midwinter Warmings", das mit seinem Maximum quasi über den Betrachter z. B. in Schottland hinwegzieht, ein Schema entwickeln (Abb. 3.8) und die charakteristischen Merkmale wie folgt zusammenfassen:

1. Die Änderungen während einer Stratosphärenerwärmung sind nicht auf die Stratosphäre begrenzt, sie beeinflussen auch die ganze Mesosphäre. Betrachtet man die ganze Schicht, d.h. die *Mittlere Atmosphäre*, so ist das Wort *Erwärmung* eigentlich falsch, denn es treten zur gleichen Zeit in den verschiedenen Schichten Temperaturänderungen mit entgegengesetztem Vorzeichen auf.

2. Das Ereignis beginnt mit einer Hebung der Stratopause in Höhen um 60 km bei gleichzeitiger Erwärmung dieser Region, Profil **1**.

3. Während des Maximums der Erwärmung sinkt die Stratopause innerhalb weniger Tage um mindestens 20 km ab, gleichzeitig erwärmt sich die Luft adiabatisch, d.h., sie wird komprimiert, da sie unter höheren Druck kommt, Profil **2**. Maximale Temperaturen von $+40^{\circ}C$ wurden gemessen. — Zur gleichen Zeit kühlt sich die obere Mesosphäre und oft auch die untere Stratosphäre ab.

4. Nach dem Höhepunkt der Erwärmung sinkt die Stratopause weiter ab, wobei sich die direkt darüber liegende Mesosphäre wieder abkühlt und sich die darunter liegende Stratosphäre zwischen 20 und 30 km langsam erwärmt, Profil **3**. Die obere Mesosphäre bleibt immer noch kalt.

5. Zum Zeitpunkt des Zusammenbruchs des Polarwirbels erreicht die Erwärmung auch die unterste Stratosphäre, Profil **4**, und das ist etwa 5 Wochen nach dem eigentlichen Beginn, d.h. 5 Wochen nach Phase 1. Die ganze Zirkulation ist nun verändert, weniger Wellenaktivität erreicht die obere Stratosphäre, die Stratopausenregion kühlt sich stark ab, und man hat eine fast isotherme Temperaturverteilung von 20 bis 80 km Höhe, vgl. Abb. 3.8 und Abb. 3.7.

Heute werden die Zirkulationsverhältnisse in der Stratosphäre von verschiedenen meteorologischen Analysezentren regelmäßig analysiert, aber die Vorhersagemodelle der Wetterdienste können die Entwicklung einer Stratosphärenerwärmung nur manchmal vorhersagen — manchmal aber auch nicht. Das ist verständlich, da die Stratosphäre von Schwingungen beeinflußt wird, die in den Vorhersagemodellen gar nicht enthalten sind. Auf diese Wechselwirkungen wird im folgenden eingegangen.

Ob die großen Stratosphärenerwärmungen unser *tägliches Wetter* beeinflussen? – ist eine oft gestellte Frage, denn extreme Wettersituationen sind oft Begleiter des „Zusammenbruchs" des Polarwirbels. Wir wissen heute folgendes: Die Stratosphäre ist eine Region, in der sich die Gesamtzirkulation der Atmosphäre etwas klarer, übersichtlicher darstellt, weil die vielen kleinen Störungen der Troposphäre nicht bis in die Stratosphäre gelangen können. Dadurch *erkennen* wir Zustände und Zusammenhänge leichter. Und wenn eine große Stratosphärenerwärmung abläuft, dann ist dies ein Signal aus der Troposphäre, daß hier eine große Umstellung stattfindet — beide Regionen sind in einem besonderen Zustand und sie beeinflussen sich gegenseitig.

Die genauen Zusammenhänge verstehen wir aber noch nicht, und so können wir am Anfang eines Winters weder für die Troposphäre noch für die Stratosphäre vorhersagen, wie der Winter wird! Erst wenn dies der Fall sein wird, werden wir aus Zuständen in der Stratosphäre Rückschlüsse auf die Troposphäre, d.h. auch auf das Wetter und das Klima ziehen und deren Variabilität beurteilen können.

Das STRATALERT Programm (Kasten 3.1)

Anfang der 60er Jahre galt die Erforschung der Stratosphärenerwärmungen international als ein spannendes, interessantes Problem. Man wollte gerne mehr Daten während einer solchen Erwärmung erhalten und versuchte, gezielt Beobachtungen zu machen, und ganz besonders wollte man meteorologische Raketen möglichst dann starten, wenn eine solche Erwärmung über der Station war. Dazu war ein Benachrichtigungssystem wünschenswert, wie man es im internationalen geophysikalischen Bereich schon für andere Phänomene eingerichtet hatte, das sogenannte *GEOALERT*. Die in der Analyse der Stratosphärenerwärmungen erfahrene Berliner Gruppe setzte sich mit ihren amerikanischen Kollegen zusammen und entwickelte im Auftrag der WMO (World Meteorological Organisation, eine Tochter der Vereinten Nationen) ein „Warnsystem", das den Namen *STRATALERT* erhielt. Es wurde 1964 eingeführt, da in diesem Jahr das *IQSY* (International Quiet Sun Year) begann, quasi eine Wiederholung des *IGYs*, jetzt aber im Sonnenfleckenminimum.

Die Berliner übernahmen zunächst für den europäischen Raum, später dann für die ganze Nordhemisphäre die Verantwortung und gaben von nun an im Winter täglich, auch an Sonn- und Feiertagen einen STRATALERT–Bericht, und wenn notwendig ein GEOALERT heraus. Die Alerts wurden in den internationalen Netzen der Wetterdienste und des Solar Forecast Centers, Boulder, Colorado verbreitet und erreichten so alle Interessierten, auch die Wissenschaftler in der Dritten Welt. Diese STRATALERT–Reports waren für viele wissenschaftliche Arbeitsgruppen eine wesentliche Information über „das Wetter" in der Stratosphäre, über das man sonst kaum Nachrichten erhielt. Dadurch konnten viele Experimente, z. B. meteorologische Raketen, gezielt gestartet werden, und die Beobachtungen konnten viel besser interpretiert werden, wenn man wußte, was sich über einem abspielte. Da sich dieses Informationssystem sehr bewährte, wurde es bis heute weitergeführt, und es diente als wichtige Entscheidungsgrundlage bei großen Meßkampagnen, z. B. beim „European Arctic Stratospheric Ozone Experiment (EASOE)" 1991/92 und beim „Second European Stratospheric Arctic and Midlatitude Experiment (SESAME)" 1994/95. Dabei hat sich inzwischen der Schwerpunkt des Interesses von den Erwärmungen zu den extrem kalten Gebieten verlagert, da man dort in den polaren stratosphärischen Wolken wichtige Informationen zum Ozonproblem erhalten möchte (s. Kapitel 5).

Muster eines Stratalerts

Teil A:

Lage des Polarwirbels mit Kältezentren

Lage von Hochdruckgebieten und Wärmegebieten

Teil B:

Besondere Meldungen, z. B. von Raketen, Satelliten, Lidar, u. a.

Teil C:

Kurzbeschreibung der Lage, möglichst mit Vorhersage der weiteren Entwicklung

Southern Oscillation (Kasten 3.2)

Die sogenannte „Southern Oscillation (SO)" ist im wesentlichen eine Schwingung des Druckes zwischen Indonesien/Australien und dem tropischen Südpazifischen Ozean. Sie hängt sehr eng mit den Schwankungen der Wassertemperaturen am Äquator zusammen, und in den Extremen handelt es sich um die sogenannten *Warm Events*, die zu den *El Niños* führen, (ungewöhnlich warmes Wasser an der tropischen Küste Südamerikas) und um die *Cold Events*, die mit kaltem Wasser gekoppelt sind. Die Auswirkungen der verschiedenen Extreme der SO auf das gesamte Klima der Tropen und Subtropen sind außerordentlich weitreichend und Dürren oder gute Ernten über Afrika, unterschiedliche Intensitäten des indischen Monsuns oder Überschwemmungen (aber auch Dürren) in Kalifornien sind bekannte Zeugen der „Southern Oscillation". Die Extreme der Schwingung sind in der Abbildung schematisch dargestellt:

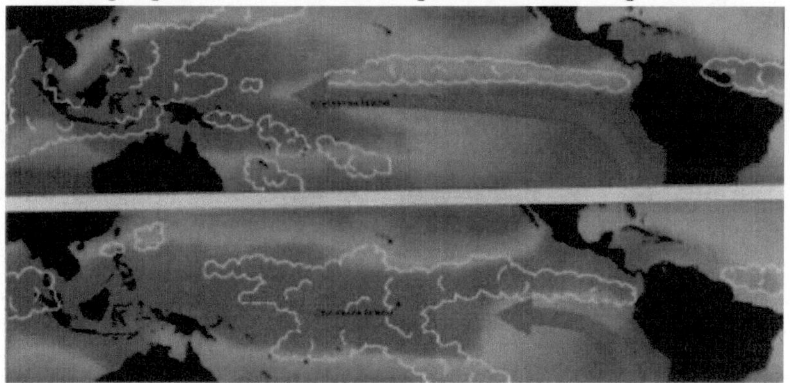

oben: Das *Cold Event* vom November 1988; unten: das *Warm Event* vom November 1982. Die Wassertemperaturen sind in Farbe angegeben, blau sind kältere (unter 26°C) und rot wärmere Gebiete. Der rote Pfeil deutet die starken bzw. schwächeren Winde über dem Äquator an, die von der oben beschriebenen Druckschwingung abhängen (Wallace and Vogel 1994).

Während eines *Cold Events* werden die wärmeren Wassermengen bei starken Ostwinden über dem Äquator nach Indonesien getrieben, wo dann eine intensive Wolkenbildung stattfindet und es viel regnet. Gleichzeitig ist es im östlichen Pazifik nur wenig bewölkt, kaltes Auftriebswasser ist vor der südamerikanischen Küste und am Äquator im Zentral- und Ostpazifik zu beobachten und es regnet hier überhaupt nicht.

Während eines *Warm Events* läßt zuerst der äquatoriale Ostwind nach, der Auftrieb hört auf und das warme Wasser setzt sich langsam nach Osten in Bewegung und damit gelangen die Wolken und der Regen bis an die südamerikanische Küste.

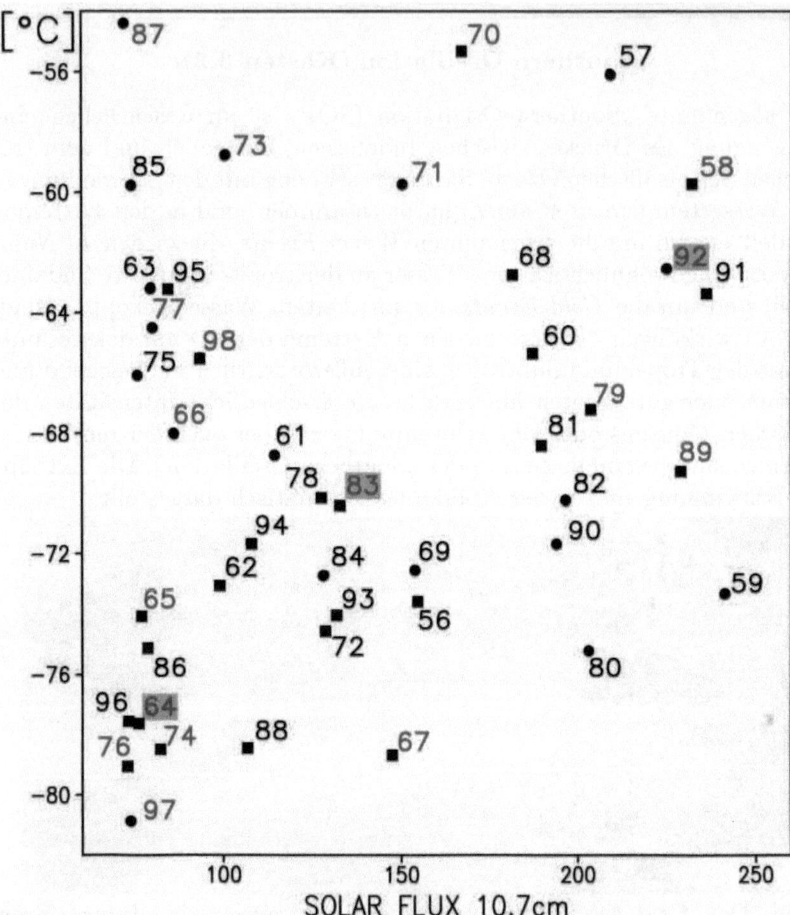

Abb. 3.9: Ordinate: 30-hPa-Monatsmitteltemperaturen am Nordpol, (Januar/Februar (°C)); Abszisse: Sonnenaktivität (10,7cm Radiowelle); Vierecke markieren West- und Kreise Ostwinde in der unteren tropischen Stratosphäre (s. Kap.4); rot markiert *Warm Events* und blau *Cold Events* der Southern Oscillation (s. u.); Die Zahlen sind Jahreszahlen (1956–1998) und die grünen Felder markieren drei starke Eruptionen tropischer Vulkane. (Labitzke and van Loon 1992, ergänzt)

3.3   Zusammenhang zwischen der arktischen Stratosphäre und Schwingungen in der Atmosphäre

Die arktischen Winter zeichnen sich durch eine große Variabilität aus, die man in sehr verschiedener Weise darstellen kann. In der Abb. 3.9 sind die Temperaturen aus der Abb. 3.1 einmal anders dargestellt: alle Jahre wurden sowohl entsprechend ihrer Temperatur (Ordinate), als auch entsprechend der Sonnenaktivität (Abszisse) eingetragen. Außerdem wurden sie nach der *Quasi-*

Biennial Oscillation (QBO) in Ost- oder West gruppiert (Viereck oder Kreis)
und nach der *Southern Oscillation* (SO) rot (*Warm Events*) bzw. blau (*Cold
Events*) markiert. Die drei Jahre in den grünen Feldern sind Winter nach
den starken Eruptionen der Vulkane in den Tropen: Agung auf Bali im März
1963, El Chichòn in Mexiko im April 1982 und Pinatubo auf den Philippinen
im Juni 1991.

Es ist deutlich schwierig, eine „Ordnung" zu erkennen – doch im folgenden
wird versucht, eine „Ordnung" zu finden.

3.3.1 Die Southern Oscillation (SO)

Die in der tropischen Troposphäre so deutlich ausgeprägte „Southern Oscillation" (s. Kasten 3.2) ist auch in der Stratosphäre gut zu erkennen (s.
Abb. 3.10). Es handelt sich ja bei den *Warm Events* um eine Erhöhung der
Wassertemperaturen, die zu einer verstärkten Konvektion innerhalb der tropischen Konvergenzzone führt. Diese verstärkte Konvektion, bzw. ein verstärktes Aufsteigen verursacht oberhalb der Tropopause eine Abkühlung, d.h.,
man hat in der unteren Stratosphäre immer zur Troposphäre entgegengesetzte Temperaturänderungen. Entsprechend beobachtet man bei den *Cold
Events* eine relativ warme tropische Stratosphäre, s. auch Kasten 3.2. Dadurch ändern sich der Temperaturgradient zwischen den Tropen und dem
Polargebiet, die Intensität der Westwinde um den Polarwirbel, die Stärke der
Transporte und die Intensität des Wirbels selbst.

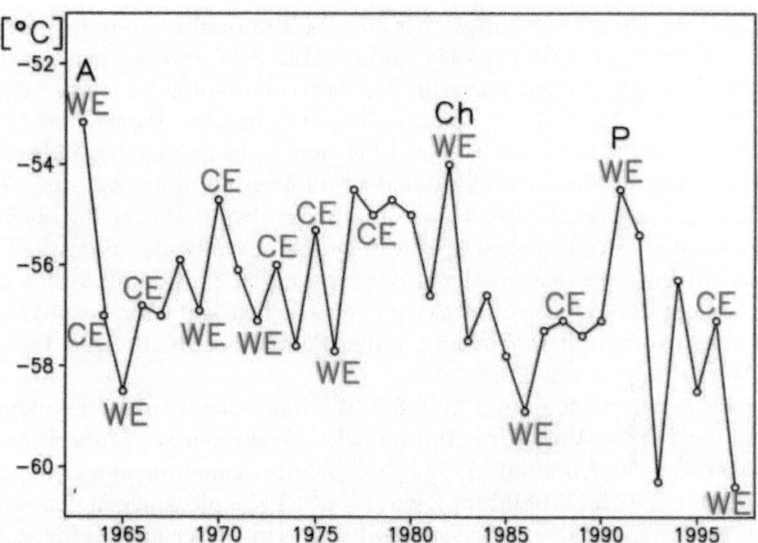

Abb. 3.10: Zeitreihe der 30-hPa-Monatsmitteltemperaturen (°*C*) im Dezember in 10°N
von 1963 bis 1997; *WE* markiert *Warm Events*, *CE* markiert *Cold Events*; **A**, **CH**, und **P**
stehen für die 3 Vulkaneruptionen. (van Loon and Labitzke 1987, ergänzt)

Ausnahmen in dieser Verteilung der Temperatur traten in 3 Fällen auf, in denen die roten *Warm Events* plötzlich auf der anderen Seite der Verteilung der Events angetroffen werden: durch die starken Vulkaneruptionen in den Tropen wird das stratosphärische Aerosol (kleine Schwefelsäuretröpfchen) erhöht, was zu einer deutlichen Erwärmung der tropischen Stratosphäre führt. Darum war die tropische Stratosphäre in diesen 3 Fällen sehr warm, obwohl zur gleichen Zeit *Warm Events* innerhalb der *Southern Oscillation* stattfanden, so daß es hier in der Stratosphäre eigentlich hätte kalt sein müssen (Abb. 3.10). Über den Einfluß der Vulkane wird weiter unten berichtet.

Das troposphärische Aleutentief ist während der *Warm Events* gewöhnlich verstärkt und bei den *Cold Events* abgeschwächt. Da dieses Aleutentief aber auch die Entwicklung des darüber liegenden stratosphärischen Aleutenhochs mitbestimmt, wird hier ein direkter Zusammenhang klar: ein mit dem verstärkten Aleutentief ebenfalls verstärktes Aleutenhoch erhöht die Asymmetrie der winterlichen Zirkulation in der Stratosphäre (s. Kap. 2). Damit werden auch die Transporte von Wärme und Ozon aus mittleren Breiten in das Polargebiet verstärkt und es ergibt sich eine im Mittel wärmere Arktis, oft kommt es zu den oben beschriebenen „Major Midwinter Warmings (MMW)", d.h. zu einem Zusammenbruch des Polarwirbels, verbunden mit einem frühzeitigen Anstieg des Ozons in hohen Breiten.

Kehren wir kurz zurück zu Abb. 3.9: Im folgenden sollen vier Winter der Kategorie *Warm Events* mit vier Wintern der Kategorie *Cold Events* verglichen werden (Abb. 3.11). Es wurden aber nur Fälle im Minimum des 11jährigen Sonnenfleckenzyklus, also während einer verhältnismäßig ruhigen Sonne, ausgewählt. Die Abweichungen der 30-hPa-Temperaturen und -Höhen von dem Mittel der Jahre 1965 bis 1974 sind in Abb. 3.11 jeweils für den Februar dargestellt. Die Anomalien zeigen in der Arktis ein vollkommen entgegengesetztes Bild: eine Abweichung von plus 10 Grad bei den *Warm Events* steht einer Abweichung von minus 10 Grad bei den *Cold Events* gegenüber, ähnlich bei den Höhen. Man versteht, daß die *Southern Oscillation* in den Tropen Extreme in der arktischen Stratosphäre erklären kann: *Warm Events* führen meistens zu MMW und zu einer kräftigen Durchmischung der arktischen Stratosphäre mit Luft aus den mittleren Breiten und zu dem damit verbundenen frühen Anstieg des Ozons. *Cold Events* verursachen kalte Stratosphärenwinter mit einem starken Strahlstrom um den Polarwirbel und wenig Transport in den Wirbel und in das Polargebiet.

Betrachten wir noch einmal Abb. 3.9: Während der eben beschriebene Zusammenhang für die Winter im Minimum des 11jährigen Sonnenfleckenzyklus gilt, (linker Teil der Abbildung), ändert er sich bei zunehmender Sonnenaktivität, (rechter Teil der Abbildung), wo „blaue" Fälle plötzlich zu den warmen Wintern gehören. Auf diesen Zusammenhang wird weiter unten eingegangen. Zunächst soll aber der Einfluß der Quasi-Biennial Oscillation (QBO) auf die Winter der arktischen Stratosphäre beschrieben werden.

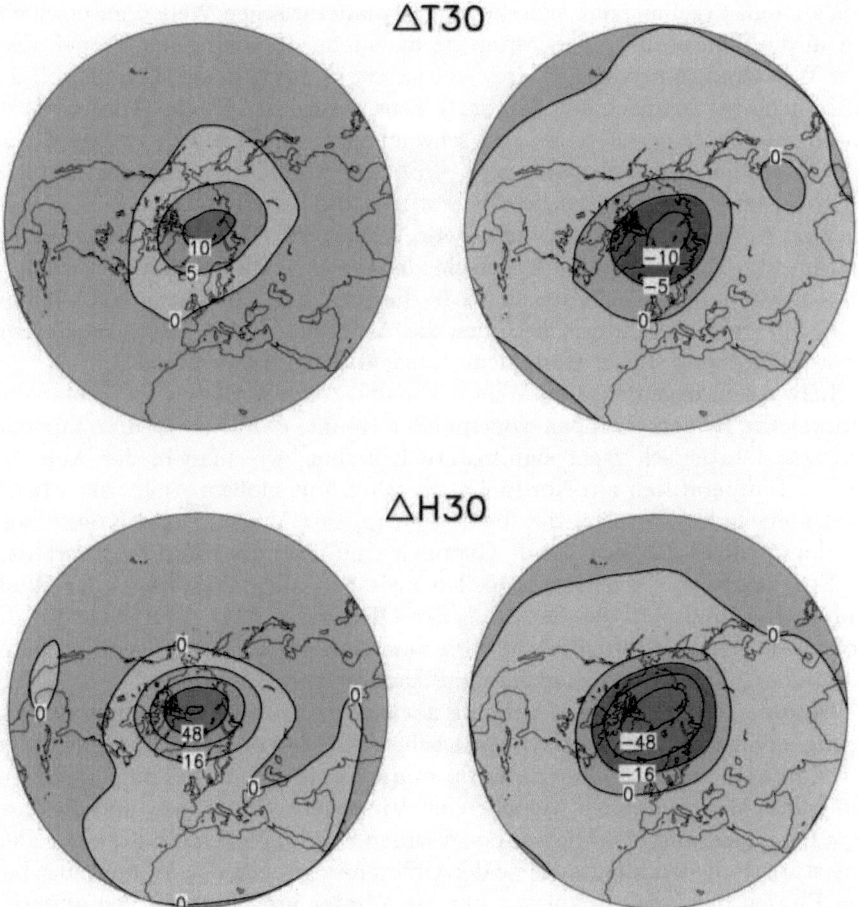

Abb. 3.11: oben: Abweichungen der 30-hPa-Monatsmitteltemperaturen (°C); unten: Abweichungen der Monatsmittel der 30-hPa-Höhen (in Dekametern), jeweils vom Februar-Mittel der Jahre 1965 bis 1974; links für die vier *Warm Events* 1987, 1977, 1973 und 1966, (s. Abb. 3.9), und rechts für die vier *Cold Events* 1997, 1976, 1974 und 1965. Äußerster Breitenkreis ist 10°N. (Institut für Meteorologie, Freie Universität Berlin)

3.3.2   Die Quasi-Biennial Oscillation (QBO)

Die „Quasi-Biennial Oscillation" (QBO) in der äquatorialen Stratosphäre wird im Kapitel 4 ausführlich beschrieben. Hier interessiert uns aber der Zusammenhang zwischen dieser interessanten Schwingung und dem Charakter des Winters in der arktischen Stratosphäre. Theoretische Überlegungen kommen zu dem Ergebnis, daß sich die langen planetarischen Wellen unterschiedlich in die Stratosphäre ausbreiten, je nachdem, ob wir in den Tropen Ost- oder Westwinde antreffen (Andrews et al. 1987). Nach dieser Theorie soll der winterliche Polarwirbel kalt und stark sein, wenn man in den Tropen Westwinde antrifft, dagegen warm und schwächer, wenn Ostwinde wehen. Schon in ganz frühen Arbeiten (Labitzke 1962) war mit sehr spärlichem Material auf ein Alternieren zwischen relativ warmen und kalten Wintern hingewiesen worden. Aber erst nachdem man mehr Winter zur Verfügung hatte, haben Holton and Tan (1980) die Unterschiede zwischen diesen beiden *Zirkulationszuständen* deutlicher festgestellt. In dieser Arbeit mit Daten von 1963 bis 1978, d.h. mit 18 Wintern, kommen die Autoren zu dem Ergebnis, daß die theoretisch erwarteten Unterschiede tatsächlich vorhanden sind.

Inzwischen liegen aber 40 Winter vor und wenn man nun im Januar und Februar die beiden Gruppen voneinander trennt, dann erhält man nur eine schwache, statistisch nicht signifikante Differenz, wie man in der Abb. 3.9 für die Temperaturen am Nordpol auch schon mit bloßem Auge sehen kann: die Unterschiede zwischen den beiden Gruppen (Vierecke und Kreise) sind überhaupt nicht deutlich. Beide Gruppen sind über die Abbildung verteilt.

Eine Karte mit den Unterschieden zwischen allen Wintern in der West- und allen Wintern in der Ostphase der QBO zeigt Abb. 3.12 oben, für die Höhen und Temperaturen der 30-hPa-Fläche. Beide Karten zeigen nur kleine Differenzen, die statistisch nicht signifikant sind.

Betrachten wir nun aber Abb. 3.9 noch einmal etwas genauer und berücksichtigen wir jetzt die Abszisse, dann sehen wir, daß die theoretisch geforderten Unterschiede im *Sonnenfleckenminimum* ganz gut zu erkennen sind: bei den kalten Wintern finden wir sehr viele Vierecke = Westphase, und die Kreise = Ostphase sind fast alle auf der warmen Seite. Folglich erhalten wir auch eine statistisch signifikante Karte der Differenz zwischen den Wintern der beiden Phasen der QBO, wenn wir nur die Winter im *Sonnenfleckenminimum* berücksichtigen (Abb. 3.12, links unten). Das Vorzeichen ist so gewählt, daß negative Werte im Polargebiet einen tieferen/kälteren Polarwirbel bedeuten.

Mit zunehmender Sonnenaktivität kehren sich die Verhältnisse aber wieder um, ähnlich wie bei den Extremen in der SO, und nun finden wir die Westwinter (Vierecke) auf der warmen Seite und die Ostwinter (Kreise) sind verhältnismäßig kalt. Die Karte der Differenzen der Winter im *Sonnenflecken- maximum* (Abb. 3.12, rechts unten) ist nun genau entgegengesetzt zur Karte im Minimum.

Während der aktiven Sonne sind die Verhältnisse in der Stratosphäre ganz anders, als es die Theorie fordert.

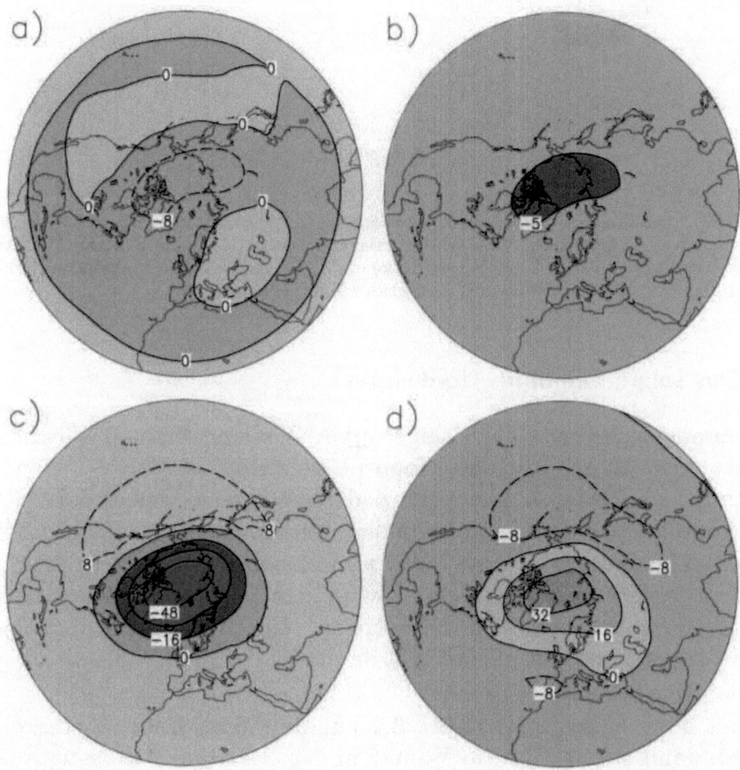

Abb. 3.12: oben: Differenz (in Dekametern) zwischen allen Wintern in der Westphase der QBO und allen Wintern in der Ostphase; links für die Höhen, rechts für die Temperaturen, jeweils im 30-hPa-Niveau und für Januar/Februar; unten: (links) die gleichen Differenzen der Höhen, aber nur für Winter im *Sonnenfleckenminimum*, und (rechts) für Winter im *Sonnenfleckenmaximum*. Zeitraum 1958 bis 1997. Äußerster Breitenkreis ist 10°N. (Institut für Meteorologie, Freie Universität Berlin)

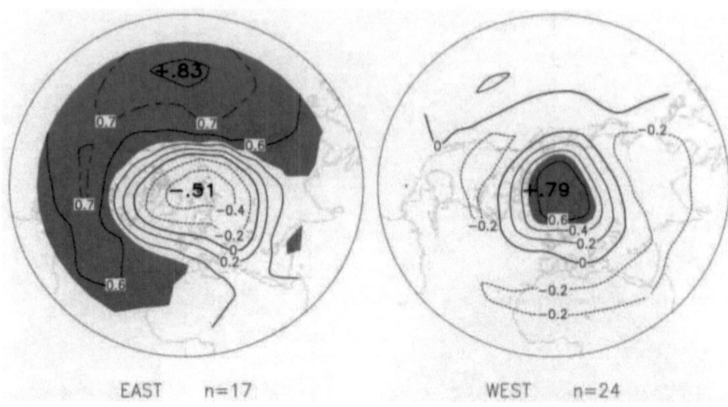

Abb. 3.13: Linien gleicher Korrelation zwischen der Sonnenaktivität und den 30-hPa-Höhen im Februar, 1958–1998; links: alle Februare während der Ostphase der QBO, n = 17; rechts: alle Februare während der Westphase, n = 24. In den roten Gebieten ist die Korrelation größer als 0,5 (van Loon and Labitzke 1994, ergänzt)

3.3.3 Das solare Signal im Nordwinter

In den vorangegangenen Diskussionen über Zusammenhänge zwischen verschiedenen Oszillationen in der Troposphäre und Zirkulationszuständen in der winterlichen Stratosphäre wurde wiederholt gezeigt, daß es deutliche Unterschiede gibt, je nachdem, wo man sich innerhalb des 11jährigen Sonnenfleckenzyklus befindet. Es wurde dem aufmerksamen Betrachter der Abb. 3.9 aber wahrscheinlich auch schon klar, daß es keinen einfachen Zusammenhang mit der Sonne gibt, denn eine Korrelation *aller* Winter mit dem Sonnenfleckenzyklus ist praktisch gleich Null, da die Daten wieder gleichmäßig über die Abbildung verteilt sind.

Nimmt man aber aus der Abb. 3.9 nur die Westwinter (Vierecke) (vgl. Abb. 1.8), dann erhält man im Winter in der *Arktis* eine statistisch signifikante positive Korrelation, und wenn man nur die Ostwinter nimmt, ist die Korrelation über der Arktis negativ.

Dieser Gegensatz in den Korrelationen über der Arktis ist sehr gut in den Karten der Korrelationen der 30-hPa-Höhen im Februar zu erkennen (Abb. 3.13), wo sich im *Polargebiet* Korrelationen von -0,5 während der Ostphase und +0,8 während der Westphase gegenüber stehen. Die Karten der Korrelationen zeigen aber auch sehr gut, daß sie während der Ostphase in den mittleren und niedrigen Breiten stark positiv sind und damit die gleiche Struktur haben wie die anderen Monate (s. Abb. 6.5 in Kap. 6). Während der Westphase der QBO sind die Korrelationen außerhalb der Arktis nicht signifikant (Abb.3.13, rechte Seite). Damit sind die Verhältnisse während der Westphase der QBO im gesamten Kartenbereich (und auch auf der Südhemisphäre, hier nicht gezeigt) deutlich anders als während der Ostphase.

Der Grund für die positiven Korrelationen über der Arktis während der Westphase der QBO ist letztenendes die Tatsache, daß die „Major Midwinter Warmings" während der Westphase der QBO bisher immer nur im *Solarmaximum* aufgetreten sind. Im *Solarminimum* war der Wirbel während der Westphase immer kalt und stabil, d.h., in seinem Zentrum besonders tief. Anders ist es während der Ostphase der QBO: dann treten die „Major Midwinter Warmings" bevorzugt im *Solarminimum* auf und sonst bleibt der Wirbel verhältnismäßig ungestört. Eine weitere Diskussion über den Zusammenhang mit der Sonnenaktivität erfolgt im Kapitel 6.

3.3.4 Vulkane und kalte Winter in der arktischen Stratosphäre

Die Wirkung der Vulkaneruptionen auf das Klima ist eine schon lange diskutierte Frage, aber erst moderne Satellitendaten konnten einwandfrei klären, daß sich die *Troposphäre* nach den beiden Eruptionen des El Chichòn im April 1982 und des Pinatubo im Juni 1991 *abkühlte* (Dutton and Christy 1992). Diese Abkühlung war nach Pinatubo am größten: die direkte Einstrahlung der Sonne nahm bis zu 30% ab und die Mitteltemperatur der Nordhemisphäre fiel um 0,7° in der unteren Troposphäre während der 14 Monate nach der Eruption.

Newell zeigte mit spärlichen Daten schon 1970, daß sich die *Stratosphäre* nach der Eruption des Agung im März 1963 *erwärmt* hatte – wiedereinmal wurde eine wichtige und richtige Beobachtung zunächst nicht geglaubt. Aber die Berliner Stratosphärengruppe konnte nach der Eruption des El Chichòn Ende März 1982 klar zeigen, daß sich die Stratosphäre erwärmte (Labitzke und Naujokat 1983), und inzwischen haben wir mit Pinatubo 3 starke Eruptionen von Vulkanen in den Tropen mit sehr ähnlichem Ergebnis.

Im folgenden soll gezeigt werden, wie sich die tropische Stratosphäre nach den Eruptionen erwärmt, welche Rolle die QBO dabei spielt, und welchen Einfluß die Vulkaneruptionen auf die Stratosphärenwinter haben.

Erwärmung in der tropischen Stratosphäre

Das bei den starken Vulkaneruptionen bis in Höhen von 20–30 km geschleuderte Material besteht einerseits aus Asche und festen Teilchen, die nach kurzer Zeit wieder aus der Stratosphäre herausfallen und somit für den Strahlungshaushalt keine große Bedeutung haben. Andererseits werden aber auch sehr große Mengen an schwefel- und wasserdampfhaltigen Gasen nach oben transportiert, aus denen sich dann sehr kleine Tröpfchen bilden, das sogenannte „Sulfat–Aerosol", das aus 75%iger Schwefelsäure besteht und das mehrere Jahre in der Stratosphäre verweilen kann. Dieses stratosphärische Aerosol spielt eine wichtige Rolle im Strahlungshaushalt der Erde, denn es wirkt strahlungsdämpfend im kurzwelligen Teil des Spektrums und absorbierend im langwelligen, und bewirkt daher in der Troposphäre eine Abkühlung

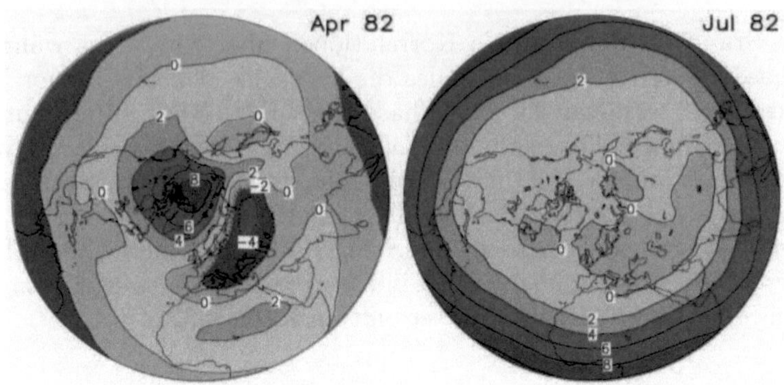

Abb. 3.14: Abweichungen der 30-hPa-Temperaturen (°C) vom Mittel der Periode 1965–1974; links: vor der Eruption des El Chichòn, April 1982; rechts: 3 Monate nach der Eruption, Juli 1982. (Labitzke and van Loon 1996)

und in der Stratosphäre eine Erwärmung. Außerdem hat es einen Einfluß auf die Ozonchemie.

Das Aerosol wurde von den herrschenden Ostwinden in allen drei Fällen in etwa drei Wochen einmal um den Äquator herum transportiert, ähnlich wie schon nach der Eruption des Krakataus im Jahr 1883 beobachtet worden war (s. Kap.1).

Zunächst, d.h. während des Nordsommers, verblieb das meiste Aerosol in den Tropen und Subtropen und erwärmte dort die Stratosphäre. Diese Erwärmung kann man z. B. für El Chichòn in Abb. 3.14 sehr schön erkennen: im April 1982, also praktisch vor der Eruption, zeigen die Abweichungen von einem 10jährigen Mittel in den Tropen negative Werte von etwa -2° (grün). Drei Monate später, im Juli 1982, sehen wir direkt am Äquator positive Abweichungen bis +10° (lila). d.h., es gab einen Anstieg von maximal 12°. Ähnliche Werte erhielt man auch nach der Eruption des Agung im März 1963 (Labitzke and Naujokat 1983).

Die Rolle der QBO

Zur Zeit der 3 Eruptionen wehten oberhalb von 50 hPa Ostwinde über dem Äquator. Nach den ersten beiden Eruptionen änderten sich die Winde im 30-hPa-Niveau aber bald und die tropische Stratosphäre kam in den Übergang zur Westphase, in der über den Tropen allgemeines Absinken vorherrscht, was auch mit Erwärmung verbunden ist; (s. auch S. 102).

Nach Pinatubo hielt der Ostwind aber noch mehr als ein Jahr an und die tropische Stratosphäre blieb im Regime allgemeinen Aufsteigens, was zu relativ niedrigen Temperaturen führt. Daher sind die Anomalien in Abb. 3.15 drei Monate nach der Eruption, im September 1991 nicht so groß wie nach El Chichòn, wir sehen nur ein relativ kleines Gebiet mit einer positiven Abweichung von +4° über Afrika. Vor der Eruption, im Juni 1991, waren die

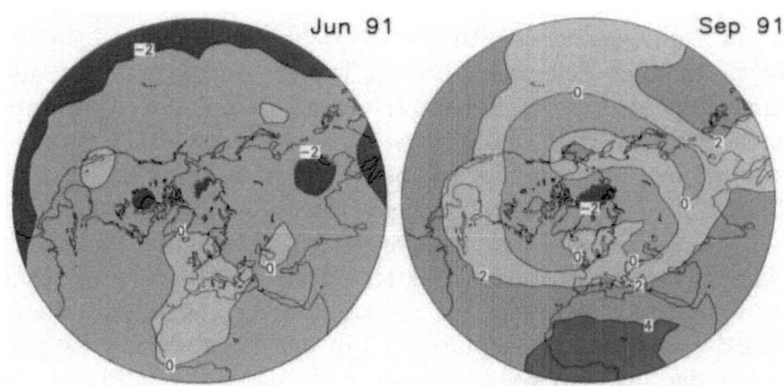

Abb. 3.15: Abweichungen der 30-hPa-Temperaturen (°C) vom Mittel der Periode 1965–1974; links: vor der Eruption des Pinatubos, Juni 1991; rechts: 3 Monate nach der Eruption, September 1991. (Labitzke and van Loon 1996)

Abweichungen ähnlich wie bei El Chichòn etwa -2°. So ergibt sich hier ein Anstieg von nur 5°. Dieses Ergebnis wurde zunächst mit Verwunderung aufgenommen, da man ja wußte, daß Pinatubo sehr viel mehr Material und Gase in die Stratosphäre geschleudert hatte und man deshalb annahm, daß die Erwärmung viel größer sein müßte als nach El Chichòn. Nachdem wir den Einfluß der QBO berücksichtigt haben, ergab sich für alle drei Vulkaneruptionen eine maximale Erwärmung der tropischen Stratosphäre von 4°.

Der Einfluß auf die arktischen Winter

In der Abb. 3.10 war die Sonderstellung der Dezember nach den großen Vulkaneruptionen deutlich geworden: die tropische Stratosphäre war warm, ähnlich wie bei den *Cold Events*, obwohl *Warm Events* stattfanden. Die Auswirkung dieser Situation auf den winterlichen arktischen Polarwirbel war praktisch wie die eines *Cold Events*, und die Anomalien (hier nicht gezeigt) waren denen in Abb. 3.11 sehr ähnlich: in allen drei Fällen blieb der Polarwirbel in der Tropo- und Stratosphäre stark und es gab kein „Major Midwinter Warming", d.h., keinen Zusammenbruch des Wirbels. Es trat allerdings 1992 ein „Minor Warming" auf, so daß die *Temperatur* in der Abb. 3.9 für den Winter 1992 verhältnismäßig hoch war. Wieweit eine Zerstörung des Ozons durch das erhöhte Aerosol mit verantwortlich für den kalten Polarwirbel war, ist noch nicht völlig klar. Aber Modelluntersuchungen zu dieser Frage betonen die komplexe Wechselwirkung zwischen Dynamik und Chemie (Zhao et al. 1996).

Es gibt auch viele Anzeichen dafür, daß der Einfluß der Vulkane sowohl in der Troposphäre wie auch in der Stratosphäre noch einige Jahre anhielt, und die Stratosphärenwinter waren auch im zweiten Winter nach den Eruptionen kalt und der Polarwirbel sehr stabil.

Nach der vorangegangenen Diskussion denke ich, daß es doch eine Ordnung gibt, in der aber viele verschiedene „Spieler" mitreden dürfen, und es ist nicht immer klar, wer gewinnt. Sehr spannend ist auch der Zusammenhang zwischen dem, was wir in der Stratosphäre beobachten und dem, was sich in der winterlichen Troposphäre in unseren Breiten abspielt. Als Faustregel gilt auch hier: alles ist immer entgegengesetzt zueinander! Die großen „Major Midwinter Warmings" in der Stratosphäre signalisieren meist große regionale Kältewellen in der Troposphäre, nur treten sie in den verschiedenen Wintern in verschiedenen Gebieten auf, so daß man sie statistisch schwer fassen kann. Und der stabile, kalte Polarwirbel in der Stratosphäre ist mit Starkwindzonen in der Troposphäre gekoppelt, d.h. mit einer verstärkten Aktivität der Zyklonen, und diese Stürme bringen z. B. Europa verhältnismäßig milde Winter.

Die Untersuchungen zu diesem Thema sind aber noch lange nicht abgeschlossen und Modelluntersuchungen tun sich schwer, da man einen Teil der hier diskutierten Zusammenhänge noch nicht modellieren kann.

3.4 Vergleich zwischen Arktis und Antarktis

Im Kapitel 2 wurde an Hand der Monatsmittelkarten schon gezeigt, daß der antarktische Polarwirbel viel kälter und stabiler ist als der arktische, und daß die Variabilität im antarktischen Winter (Juli/August) etwa 3 bis 4mal geringer ist als im arktischen (Januar/Februar) (s. Abb. 2.11). Das wird auch sofort bei einem Vergleich der Temperaturen am Südpol mit denen am Nordpol deutlich: die große Variabilität über dem Nordpol (Abb. 3.1) steht einem vergleichsweise ruhigen Verlauf über dem Südpol gegenüber, Abb. 3.16. In der gesamten Polarkalotte sind die Temperaturen ab Juni unter -80°C und damit ist hier die Ausbildung von polaren stratosphärischen Wolken während des ganzen Winters möglich. Dies ist für die Ausbildung des „Ozonlochs" eine wesentliche Voraussetzung (s. Kap. 5).

Die viel größere Variabilität in der Arktis hängt mit den im vorangegangenen Abschnitt ausführlich beschriebenen Schwingungen zusammen, die häufig zur Ausbildung von Stratosphärenerwärmungen führen und dadurch im Mittel zu einem wesentlich wärmeren und schwächeren Polarwirbel. „Major Midwinter Warmings", mit einem Zusammenbruch des Polarwirbels, wurden bisher (seit 1958) über der Antarktis nicht beobachtet.

In der oberen antarktischen Stratosphäre treten allerdings markante Erwärmungen auf, die man schon im Juli/August 1963 mit meteorologischen Raketen über der antarktischen Station McMurdo (78°S; 167°E) festgestellt hat, Abb. 3.17. Diese Erwärmung (rot) ist durchaus dem Profil 3 von West Geirinish (Abb. 3.7) vergleichbar. Ein ungestörtes Profil, z. B. vom 19. Juni 1962 (blau), ist natürlich über der Antarktis in der unteren Stratosphäre viel kälter.

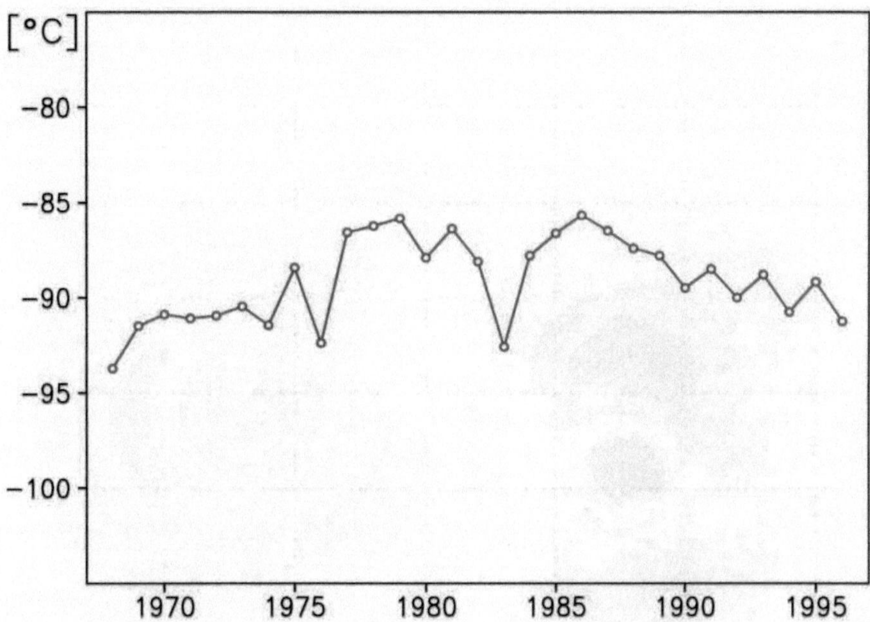

Abb. 3.16: Zeitreihe der 30-hPa-Temperaturen (°C) im Juli und August am Südpol ab 1968 aus NCEP/NCAR Analysen

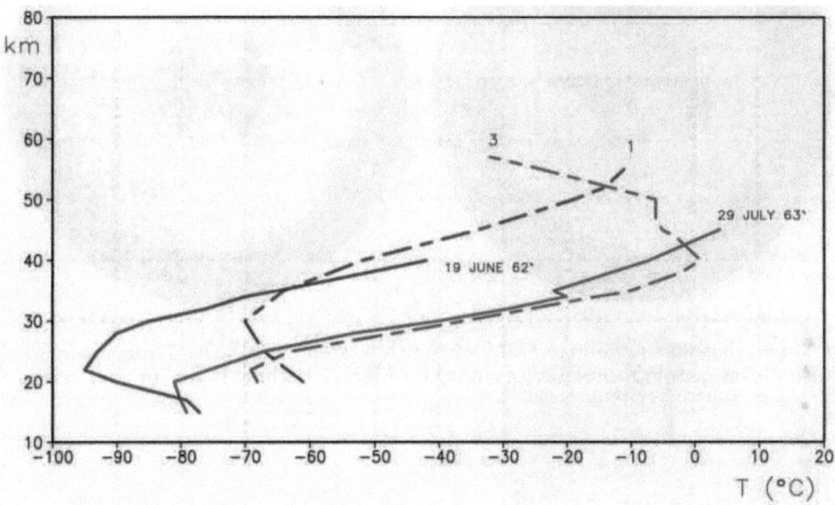

Abb. 3.17: Vergleich von Raketenprofilen über McMurdo am 19. Juni 1962 (blau) und 29. Juli 1963 (rot) mit den entsprechenden Profilen **1** und **3** über West Geirinish aus Abb. 3.7 (Labitzke and van Loon 1972)

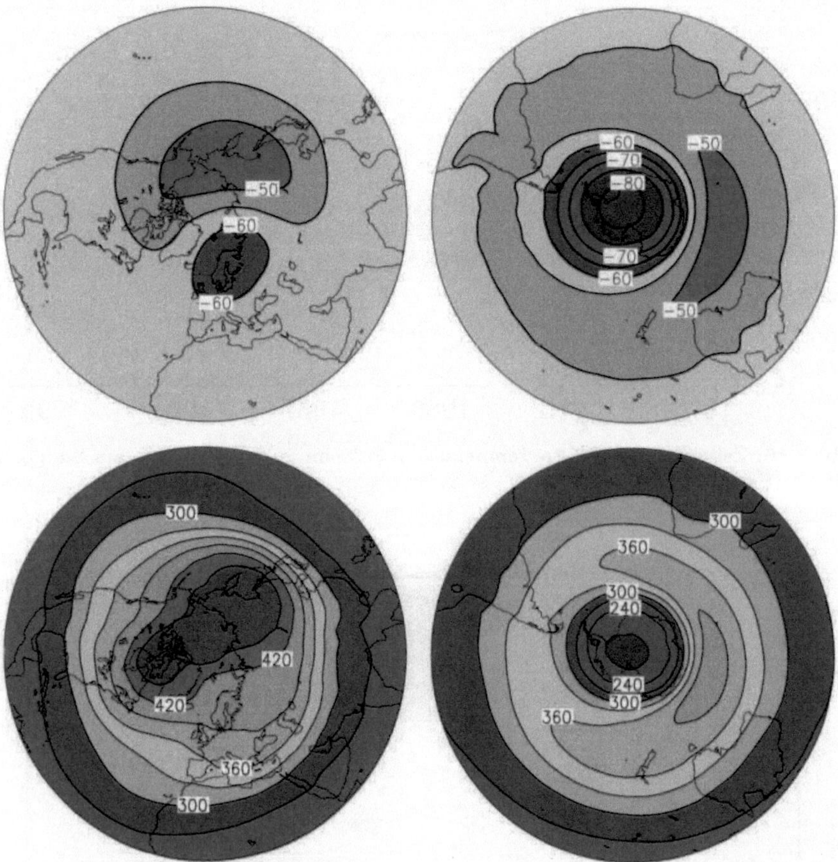

Abb. 3.18: Gegenüberstellung von Monatsmittelkarten der 30-hPa-Temperaturen ($^{\circ}$C) (oben) und des Gesamtozons (DU) (unten) im März/NH (links) und im September/SH (rechts). Der äußere Breitenkreis ist 10°

Inzwischen hat man auch mit Satellitenbeobachtungen im Winter Erwärmungen in der oberen Stratosphäre über der Antarktis festgestellt. Man muß diese Erwärmungen in die Kategorie der „Minor Warmings" einordnen, da sie sich nicht nach unten durchsetzen und darum nicht zu einem Zusammenbruch des Wirbels führen. Das bedeutet aber auch, daß ein Zusammenbruch von der Stabilität des Wirbels und damit von den Verhältnissen in der Troposphäre abhängt, und nicht von den oft starken Erwärmungen selbst.

Der Übergang von der Winter- zur Sommerzirkulation, die sogenannten „Final Warmings", finden über der Antarktis im Mittel etwa zwei Monate später statt als über der Arktis (Kap. 2). Diese späte Umstellung liefert die meteorologischen Bedingungen, die zu einer Ausbildung des „Ozonlochs" über der Antarktis führen (Kap. 5). Eine direkte Gegenüberstellung der mittleren Temperatur- und Ozonverteilung in den Monaten März und September macht diese Unterschiede sehr deutlich, Abb. 3.18: Über der auch im September noch sehr kalten Antarktis (rechts oben) wird Ozon im Licht der aufgehenden Frühjahrssonne durch chemische Reaktionen zerstört (s. Kap. 5) und man findet im Zentrum des Wirbels Werte des Gesamtozons von 200 DU und weniger (rechts unten), während die Arktis im März (im Mittel) schon warm ist (links oben) und die Wellen bereits viel Ozon, d.h. Gesamtozon von mehr als 450 DU in das Polargebiet transportiert haben.

Es kann natürlich auch über der Arktis gelegentlich sehr späte „Final Warmings" geben, wie z. B. im März 1997 (s. Abb. 2.12), und dann findet auch über der Arktis Ozonzerstörung statt und es wurden niedrige Werte des Gesamtozons gemessen (im Monatsmittel ca. 300 DU). Insgesamt ist aber der Transport von Ozon in die Arktis im Nordfrühjahr immer viel stärker als in die Antarktis im Südfrühjahr, s. auch Kap. 5.

3.5 Modellexperimente

Wie schon wiederholt anklang, kann man in den großen Zirkulationsmodellen, den sogenannten „General Circulation Models (GCMs)" das Auftreten und den Ablauf von Stratosphärenerwärmungen nur angenähert simulieren.

Viele Forschergruppen haben versucht, die Stratosphärenerwärmungen mit vereinfachten Modellen zu simulieren, nachdem Matsuno 1971 als erster erfolgreich war.

„Das Ziel der Studie von Matsuno war es, ein dynamisches Modell zur Simulation von Stratosphärenerwärmungen unter Berücksichtigung der vertikalen Ausbreitung von planetaren Wellen und ihrer Wechselwirkung mit den zonalen Winden zu entwickeln. Es war der erste Versuch der numerischen Behandlung einer Stratosphärenerwärmung, der sich im nachhinein als wegweisend für spätere Simulationen erweisen sollte. Die wesentliche Frage, die es zu beantworten galt, war, wie die Stratosphäre auf die aus der Troposphäre kommenden Wellen reagiert." (Übersichtartikel von Dameris 1992).

Ein ähnliches Modell wurde auch in Berlin entwickelt (Rose 1983) und

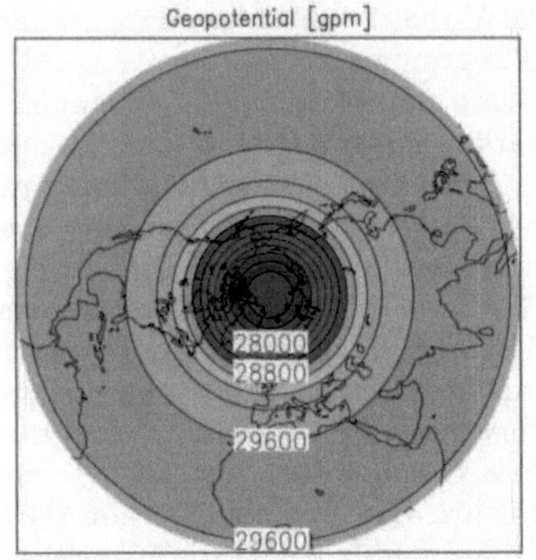

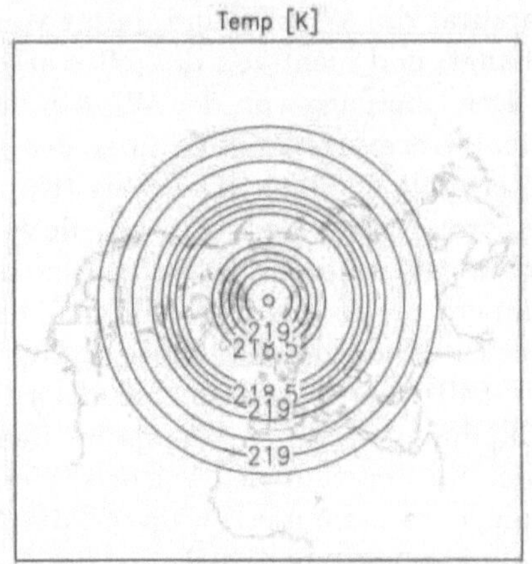

10 hPa   Tag 1

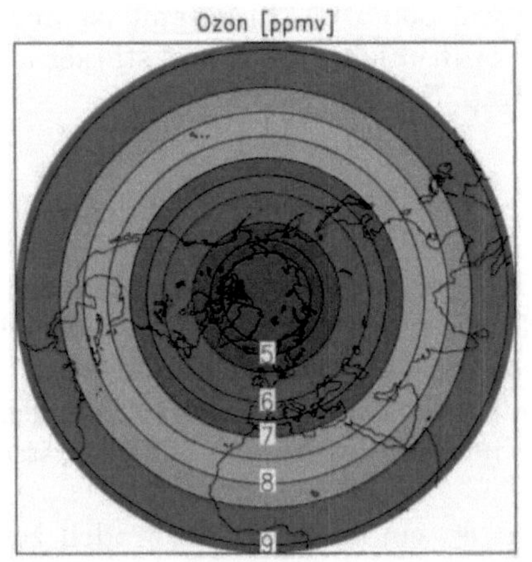

Mechanistisches Modell

Aufloesung:
  horizontal 1.4° x   1.4°
  vertikal   1.6 km

Anregung: Jan 1992

Abb. 3.19: Ausgangslage der Modellierung einer Stratosphärenerwärmung nahe dem 10-hPa-Niveau (Beck 1998)

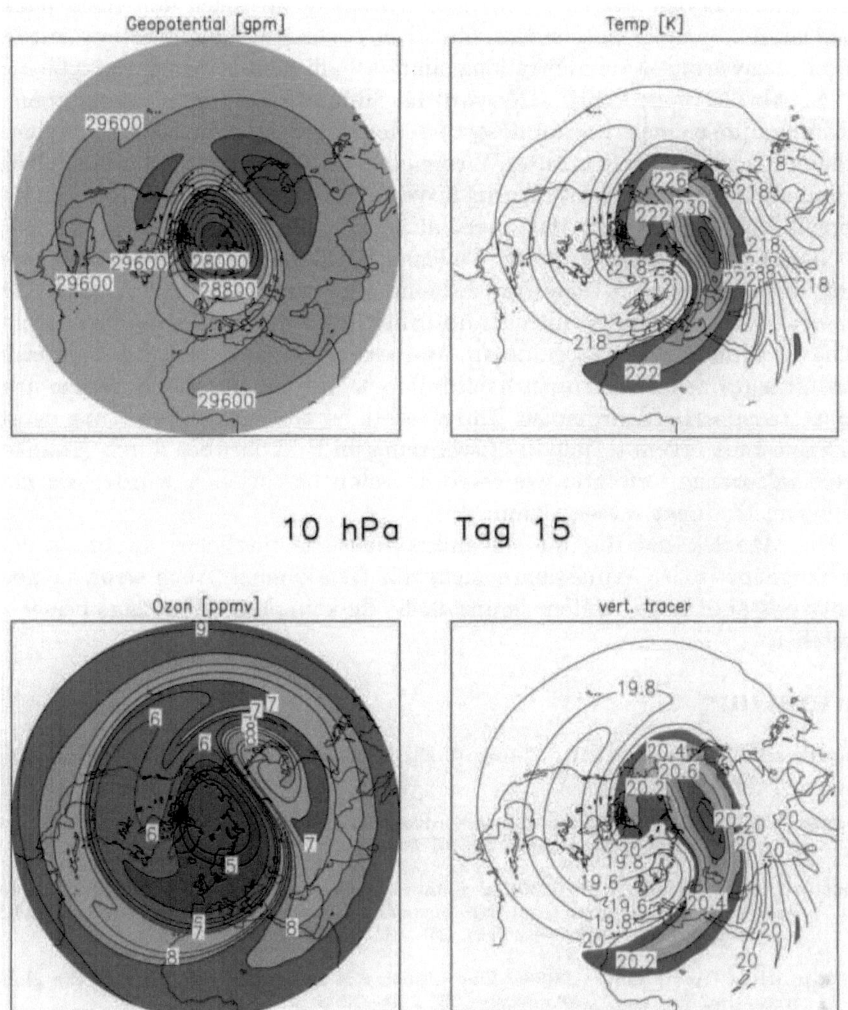

Abb. 3.20: Simulationsergebnis nahe dem 10-hPa-Niveau nach 15 Tagen Anregung: links oben die Verteilung der Höhen, daneben die Temperaturverteilung; links unten die Verteilung des Ozons in derselben Höhe, daneben die Vertikalbewegung (Beck 1998)

man erhielt langsam einen guten Einblick in die Koppelung zwischen Tropo-
und Stratosphäre, wobei aber immer die Anregung aus der Troposphäre vor-
gegeben wurde.

Heute erlaubt die wesentlich erhöhte Kapazität der Computer eine sehr
hohe Auflösung der Modelle, d.h. kleine Abstände zwischen den Gitterpunk-
ten. Damit können insbesondere die *Transporte* sehr gut simuliert werden
und ein Schwerpunkt der Forschung sind deshalb heute Transportprobleme.

In Abb. 3.19 und Abb. 3.20 wird die Simulation einer Stratosphärenerwärmung mit so einem hochauflösenden Modell gezeigt. Man fängt mit einem
vollkommen ungestörten, kalten Wirbel über dem Nordpol an, und die Ozonverteilung beginnt auch mit niedrigen Werte im Polargebiet und hohen in den
Tropen, Abb. 3.19 (Beck 1998, persönliche Mitteilung).

Nun wird das Modell mit der Wellenaktivität der Troposphäre im Januar
1992 angeregt. Nach 15 Tagen hat sich eine Wetterlage entwickelt (Abb. 3.20),
die der in Abb. 3.4 sehr ähnlich ist, mit einer Erwärmung über Sibirien (rechts
oben) und einem Hoch über Japan. Man erkennt links unten, daß ozonreiche
Luft (orange) aus den Tropen nach Sibirien und um das Hoch herum nach
Japan transportiert worden ist. Unten rechts ist die Vertikalbewegung dargestellt und man erkennt, daß die Erwärmung im Bild darüber durch Absinken
(gelb und orange) erfolgte, wie es vorne schon beschrieben wurde, wie man
es aber nicht direkt messen kann.

Die Modelle sind für uns ein außerordentlich nützliches Labor, in dem
wir Vorgänge in der Atmosphäre nachvollziehen können. Auch wenn sie noch
nicht vollständig sind, helfen sie uns doch, die komplexen Vorgänge besser zu
verstehen.

Literatur

Andrews D.G., Holton J.R., Leovy, C.B. (1987): Middle Atmosphere Dynamics.
Academic Press.

Dameris M.(1992): Modellierung von Stratosphärenerwärmungen: Ein Überblick. Promet (Deutscher Wetterdienst), **22**, 97–105.

Dutton E.G., Christy J.R.: (1992): Solar radiative forcing at selected locations and
evidence for global lower tropospheric cooling following the eruptions of El Chichòn
and Pinatubo. Geophys. Res. Lett., **19**, 2313–2316.

Holton J.R., Tan H.Ch. (1980): The influence of the equatorial QBO in the global
circulation at 50mb. J.Atmos.Sci., **37**, 2200–2208.

Labitzke K. (1962): Beiträge zur Synoptik der Hochstratosphäre. Met.Abh.FU-Berlin,
Band XXVIII, Heft 1.

Labitzke K. (1972): Temperature changes in the mesosphere and stratosphere connec-
ted with circulation changes in winter. J.Atmos.Sci., **29**, 756–766.

Labitzke K., Naujokat B. (1983): On the variability and trends of the temperature
in the middle atmosphere. Beitr. Phys. Atmos., **56**, 495–507.

Labitzke K., van Loon H. (1972): The stratosphere in the Southern Hemisphere, Chap-
ter 7 in: Meteorology of the S.H., Met.Monogr., **13**, No.53, (Ch.Newton, Ed.).

Labitzke K., van Loon H. (1989): The Southern Oscillation. Part IX: The influence of volcanic eruptions on the Southern Oscillation in the stratosphere. J.Clim., **2**, 1223–1226.

Labitzke K., van Loon H. (1992): On the association between the QBO and the extratropical stratosphere. J.Atmos.Terr.Physics, **54**, 1453–1463.

Labitzke K., van Loon H. (1996): The effect on the stratosphere of three tropical volcanic eruptions. NATO ASI Series, **I 42**, 113–125.

Matsuno T. (1971): A dynamical model of stratospheric sudden warming. J.Atmos.Sci., **28**, 1479–1494.

Naujokat B., Labitzke K., Lenschow R., Petzoldt K., Rajeswki B., Wohlfart R.–C. (1991): The stratospheric winter 1990/91: A Major Midwinter Warming as expected. Met. Abh.FU–Berlin, Serie B, **66**, SO–13.

Newell R.E. (1970): Stratospheric temperature change from the Mt. Agung volcanic eruption of 1963. J. Atmos.Sci., **27**, 977–978.

Rose K. (1983): On the influence of nonlinear wave–wave interaction in a 3-d primitive equation model for sudden stratospheric warmings. Beitr. Phys.Atmos., **56**, 14–41.

van Loon H., Labitzke K. (1987): The Southern Oscillation. Part V: The anomalies in the lower stratosphere of the northern hemisphere in winter and a comparison with the Quasi–Biennial Oscillation. Mon.Wea.Rev., **115**, 357–369.

van Loon H., Labitzke K. (1994): The 10–12–year atmospheric oscillation. Meteorol. Zeitschrift, N.F. **3**, 259–266.

Wallace J.M., Vogel A. (1994): El Niño and Climate Prediction. Reports to the Nation. UCAR (Office for Interdisciplinary Earth Studies).

Zhao X., Turco R.P., Kao C.–Y. J., Elliott S. (1996): Numerical simulation of the dynamical response of the Arctic vortex to aerosol–associated chemical perturbations in the lower stratosphere. Geophys. Res. Lett., **23**, 1525–1528.

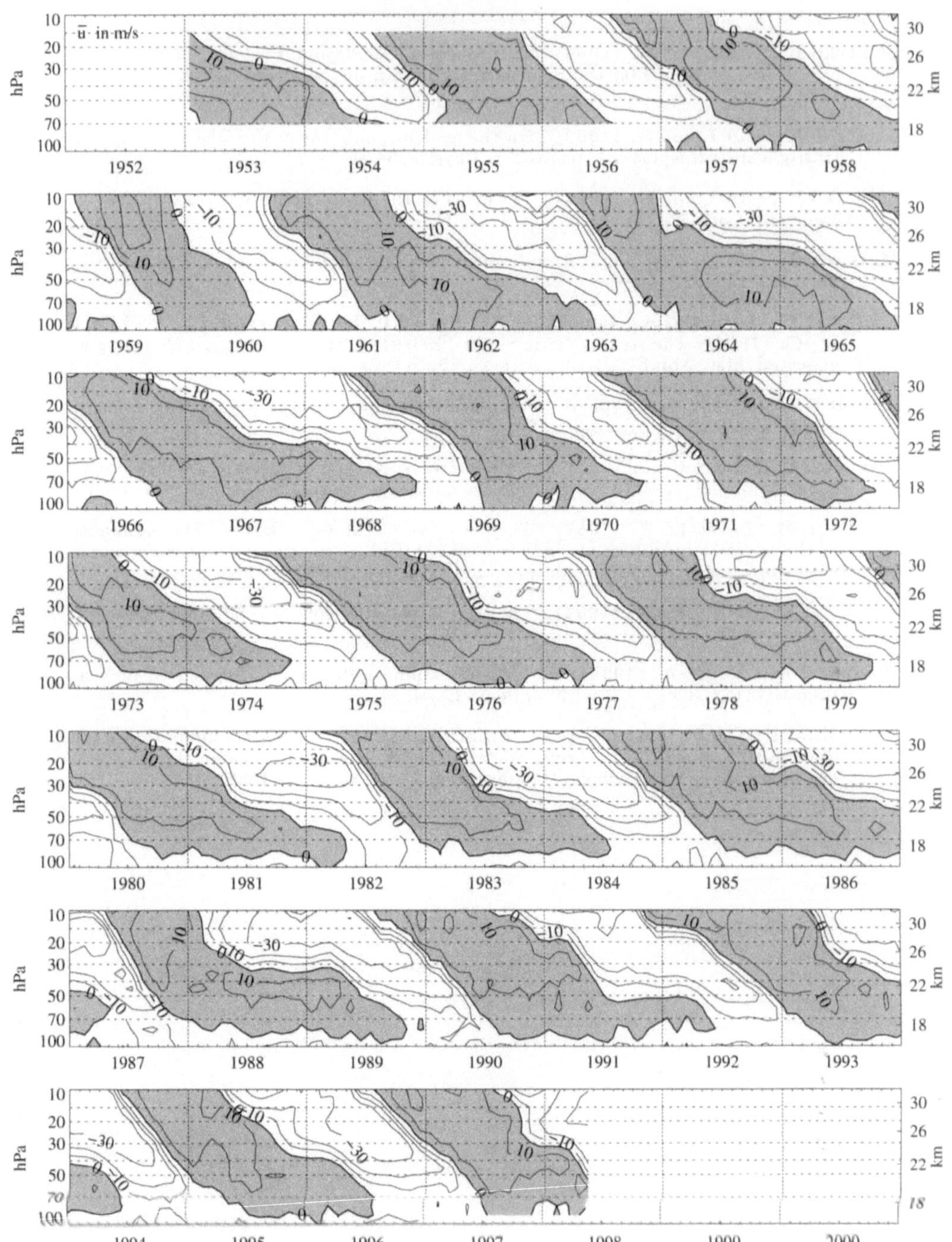

ū in m/s

4 Die ungefähr zweijährige Schwingung Quasi-Biennial Oscillation (QBO)

4.1 Frühe Beobachtungen

Clayton ist der erste, der 1884 (!) auf einen Zyklus im Luftdruck und im Niederschlag über mehreren Stationen in den USA aufmerksam macht. Er benutzt Stationen in den USA von der Westküste bis zur Ostküste, im Zeitraum von 1874–1883, für einige Stationen sogar ab 1839 (Clayton 1884, 1885). Er gibt die Länge des Zyklus mit „etwa 25 Monaten" an. Die Existenz dieser Periode wird von Landsberg (1962) mit weiteren Beobachtungen in USA von 1870 bis 1956 bestätigt. Aber damals, 1884, hatte man noch nicht viele meteorologische Daten und wußte noch nichts von der „QBO". Und da viele Wissenschaftler, auch heute noch, nur anerkennen wollen, was sie erklären können, traf Clayton auf viel Skepsis, die er sehr offen beschreibt. Da sich auch in diesem Punkt bis heute wenig geändert hat, weil mancher eben nur sehr schwer einsehen kann, daß wir noch lange nicht alles verstehen, soll Clayton hier zitiert werden:

> Ich gebe zu, daß ich die Ursache meines Zyklus nicht erklären kann, aber wenn jede Entdeckung in der Geschichte der wissenschaftlichen Forschung zurückgewiesen worden wäre, die nicht sofort durch bekannte Gesetze erklärt werden konnte oder die nicht sofort mit dem übereinstimmte, was vorher als richtig anerkannt worden war, dann hätten wir einige der schönsten Blumen der modernen Wissenschaft verloren. Es gab absolut keinen Grund für die Existenz von Keplers Gesetzen, als dieser sie entdeckte, tatsächlich waren sie vollkommen entgegengesetzt zu allem, was bis dahin zu diesem Thema gedacht worden war. Und Kepler wußte auch keine Erklärung für sie. Aber Newton kam und zeigte, daß diese Keplerschen Gesetze die notwendige Konsequenz für

das Funkionieren gewisser universeller Gesetze sind. Es gibt auch
keinen Grund, warum die Anzahl der Sonnenflecken einen Zyklus
von ungefähr 11 Jahren hat, oder warum es einen Zusammenhang
zwischen diesen Flecken und dem Erdmagnetismus geben sollte,
aber da ist kaum ein Wissenschaftler von Ansehen, der dies be-
zweifelt....

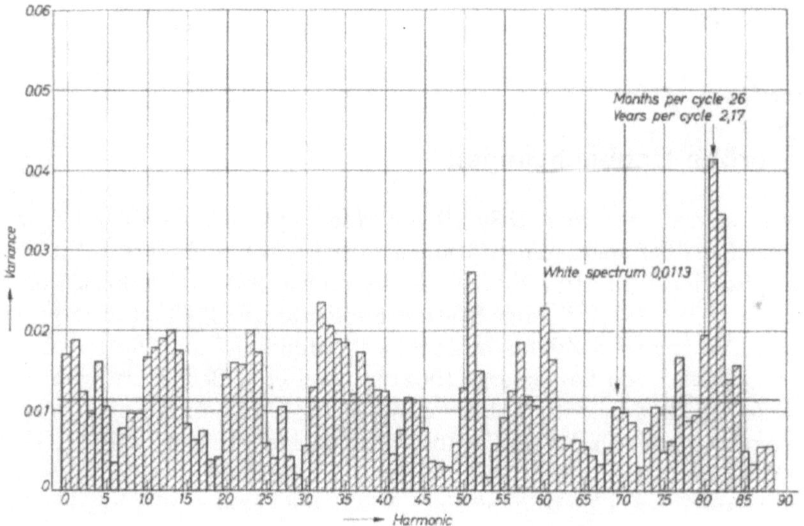

Abb. 4.1: Spektrum von Baurs Temperaturen für Mitteleuropa (Wien, Berlin, De Bilt)
der Jahre 1761 bis 1953 (Landsberg 1962)

In Europa war Woeikof 1895 der erste, der auf einen zweijährigen Zyklus
in der Schneebedeckung in Skandinavien hinwies. Später (1906) findet er den-
selben Zyklus in einer langen Reihe von Wintertemperaturen in Stockholm.
Viele weitere Veröffentlichungen über diesen Zyklus folgten, die Landsberg
1962 in einem sehr guten Überblick zusammenfaßte. Dazu gehört auch eine
Analyse der 100jährigen Temperaturreihe von Berlin (bis 1921), die von Baur
1927 veröffentlicht wurde. Baur beschreibt als eine der wichtigsten und signi-
fikantesten Perioden die 2,2jährige, und er betont besonders die Stabilität
dieser Periode. Landsberg hat diese Analyse weitergeführt, indem er noch
Baurs Daten von Wien und De Bilt hinzufügte, so daß nun Beobachtungen

von 1761 bis 1953 zur Verfügung standen. Das Ergebnis dieser Analyse ist in
Abb. 4.1 dargestellt. Die deutlichsten Maxima sind die 81. und 82. Harmonische. Sie repräsentieren den 2,2jährigen Zyklus. Beide Harmonische sind 95%
signifikant, zusammen sogar über 99%.

Landsberg findet noch sehr viele Arbeiten, die weltweit immer wieder den
quasi 2jährigen Zyklus bestätigen. Und er erwähnt unter diesen besonders
die folgenden, sehr interessanten Arbeiten: Bryson und Dutton (1961) finden
bei einer Analyse von Baumringen aus dem Westen der USA deutliche 2,1–
2,5jährige Zyklen für die Periode von 1320 bis 1950, und Sellers findet 1960
eine 2–3jährige Schwingung im Niederschlag der Südwest–Staaten der USA.
Landsberg meint dazu: „Wenn man annimmt, daß das Wachsen der Baumringe überwiegend von dem zum Teil mangelhaften Niederschlag abhängt,
dann kann man das Ergebnis der Baumringanalysen als Bestätigung für einen
2jährigen Rythmus in dem meteorologischen Geschehen ansehen.“

Unter den vielen Beispielen von 2–3jährigen Schwingungen in atmosphärischen Parametern gibt es auch eine von 27 bis 28 Monaten in einer 130jährigen Zeitreihe der „North Atlantic Oscillation (NAO)“. Dies wurde erst vor
kurzem von Hurrel and van Loon (1997) entdeckt. Die NAO ist eine Schwingung von Luftmassen zwischen niedrigen und hohen Breiten über dem Nordatlantik, z. B. zwischen den meteorologischen Hauptdruckzentren, dem Islandtief und dem Azorenhoch. Sie beeinflußt vor allem in den Wintermonaten
die Temperatur und den Niederschlag über Nordeuropa und dem Mittelmeergebiet. Die Periode von 27 bis 28 Monaten hat einen wesentlichen Anteil am
Spektrum der NAO, und ihr Zusammenhang mit den Wintern über Nordeuropa paßt sehr gut zu den Ergebnissen von Woeikof vor 100 Jahren.

4.2   Die Entdeckung der QBO in der tropischen Stratosphäre

Bei der Beschreibung der Entdeckung der QBO in der tropischen Stratosphäre muß man historisch sehr genau vorgehen, denn diese wichtige Oszillation möchten verschiedene Authoren gerne *entdeckt* haben! Im folgenden
werden die wichtigsten Daten und die damals schon richtig beschriebenen
Fakten des Phänomens zusammengefaßt:

- Während des IGYs wurden, wie schon mehrfach betont, zahlreiche Radiosondenstationen in den Tropen, besonders im Pazifik eingerichtet,
  die nun endlich viele Daten aus der Stratosphäre lieferten. Diese wurden von mehreren Gruppen ausgewertet, denen plötzlich auffiel, daß
  die stratosphärischen Winde von den erwarteten Ostwinden (Krakatau-Ostwinde!) im Januar 1957 auf West im Januar 1958 gedreht hatten! Eine der ersten Veröffentlichungen war die von Graystone (1959) vom britischen Wetterdienst in London. Er zeigte Windmessungen über Christmas Island (2°N; 157°W) für den Zeitraum von Oktober 1956 bis August 1958 und betonte, daß es keinen klaren Jahreszyklus im erwarteten

Sinne gibt, sondern daß Ost- und Westwinde sich abwechselten. (An der
Realität dieser Westwinde wurde nun aber nicht mehr gezweifelt, wenn
man sie auch nicht erklären konnte — das sollte noch mehr als 10 Jahre
dauern.)

- Ebdon, ebenfalls vom britischen Wetterdienst in London, war dann der
  erste, der nicht nur die Jahre des IGYs betrachtete, sondern zurückging
  bis 1954, und der als erster von einer *bemerkenswerten 2jährigen Pe-
  riodizität* der stratosphärischen Winde über den Tropen sprach. Diese
  Arbeit wurde am 27. April 1960 beim „ Quarterly Journal of the Royal
  Meteorological Society"eingereicht und sie erschien im Oktober 1960.

- Im Oktober 1960 reichte Ebdon dann eine weitere Arbeit zu diesem
  Thema ein, die im Juli 1961 erschien. Hier spricht Ebdon von einer
  Periode der Fluktuation von 24 bis 28 Monaten, die zwischen 60 und
  10 hPa (der höchsten von den Radiosonden erreichten Höhe von etwa
  31 km) existiert, und deren Amplitude mit der Höhe zunimmt. Außer-
  dem beschreibt er, daß das neue Windregime zuerst in den obersten
  Niveaus erscheint und sich dann langsam nach unten durchsetzt, in et-
  wa 12 Monaten von 31 km Höhe bis 19 km Höhe, d.h., etwa 1 km pro
  Monat. Außerdem zeigt Ebdon, daß der Westwind von höheren und der
  Ostwind von niedrigeren Temperaturen begleitet wird.

- Im November 1960 reichen Reed und Mitarbeiter von der Universität
  Washington in Seattle/USA ihre Arbeit zum gleichen Thema ein, die
  im März 1961 erscheint. Sie bestätigen im wesentlichen die Ergebnisse von Ebdon. Interessant sind auch die ersten Ideen einer möglichen
  Erklärung der Westwinde durch Vertikaltransport von westlichem Mo-
  mentum aufwärts in die Stratosphäre unter bestimmten Bedingungen.

- Auf dem Internationalen Ozon-Symposium in Arosa im August 1961
  lieferte dann Scherhag den Beitrag der Berliner zu diesem Problem. Die
  Entdeckung war unserer Gruppe leider nicht gelungen, weil wir mit unseren Analysen zwar im Jahr 1958 anfingen, wo wir „unten" West- und
  „oben" Ostwinde antrafen, also ganz so, wie es erwartet wurde. Dann
  gingen wir aber aus technischen Gründen gleich auf das Jahr 1960 über,
  in dem bereits wieder Ostwind herrschte! So haben wir die Möglichkeit
  zur Entdeckung der QBO verpaßt. Dafür spekulierte Scherhag mit seinen Mitarbeitern aber in Arosa über einen möglichen Zusammenhang
  zwischen der Schwingung in den Tropen und den Variationen über hohen und mittleren Breiten. Damals erschien ein solcher Zusammenhang
  sehr gewagt, aber die heutigen Erkenntnisse bestätigen diese frühen
  Vermutungen (s. Kapitel 3).

- Viele Arbeiten folgten. Hier soll nur noch eine erwähnt werden, in der
  versucht wird, die alten Beobachtungen aus Afrika und Batavia (dem

heutigen Djakarta, s. Kapitel 1) zu berücksichtigen: Veryard und Ebdon zeigen 1963, daß man bereits in den Windbeobachtungen von Batavia die 2jährige Schwingung gut erkennt. Sie postulieren aufgrund der Beobachtungen zwischen 1908 und 1918, daß die 2jährige Schwingung wahrscheinlich seit mehr als 50 Jahren besteht und daß man sie als permanenten Teil der allgemeinen Zirkulation ansehen muß.

4.3 Heutiger Kenntnisstand

Die Berliner Stratosphärengruppe verfolgte die weitere Entwicklung der QBO sorgfältig und 1986 veröffentliche Naujokat eine zusammenfassende Arbeit, in der die Abbildung zum erstenmal erschien, die auf Seite 102 zur Einstimmung in dieses Kapitel in aktualisierter Form dargestellt ist. Diese Abbildung zeigt einen Zeit–Höhenschnitt der Monatsmittel der zonalen Windkomponente (m/s) am Äquator, wobei positive Werte West- und negative Werte Ostwinde sind. Da es keine durchgehende Reihe von einer einzigen Station gibt, mußten die Daten von verschiedenen Stationen benutzt werden: Januar 1953–August 1967: Canton Island (3°S; 172°W); September 1967–Dezember 1975: Gan/Malediven (1°S; 73°E); seit Januar 1976: Singapur (1°N; 104°E). Deutlich erkennt man die typischen Merkmale der QBO, die auch schon mit den kurzen Datenreihen richtig beschrieben worden waren:

- Die Ost- bzw. Westwindphasen setzen sich mit der Zeit von oben nach unten durch, mit einer mittleren Geschwindigkeit der absinkenden Scherungszonen von etwa 1 km/Monat.

- Die Westwinde setzen sich zeitlich und räumlich schneller durch als die Ostwinde (Asymmetrie der Scherungszonen).

- Beim Übergang von West- zu Ostwinden wird zwischen 30 hPa und 50 hPa häufig eine zusätzliche Verzögerung beobachtet; dieser Übergang erfolgt in der unteren Stratosphäre bevorzugt im Nordsommer (Kopplung an den Jahresgang).

- Die mittlere Periode beträgt in allen Schichten 28 Monate.

- In den oberen Schichten ist jedoch die Ostwindphase länger als die Westwindphase, in den unteren Schichten ist es umgekehrt.

- Das Ostwindmaximum ist stärker als das Westwindmaximum und die Ostwinde nehmen mit der Höhe stärker zu.

- Das Maximum der Amplitude liegt bei 20 hPa (ca. 27 km Höhe) und beträgt dort im Mittel für die Ostwinde 30 m/s und für die Westwinde 15 m/s.

Die Schwingung weist eine ausgeprägte zeitliche und räumliche Variabilität vor allem in den Perioden der aufeinanderfolgenden Zyklen auf. So kann die Periode von im Mittel 28 Monaten maximal 3 Jahre und minimal deutlich weniger als 2 Jahre betragen.

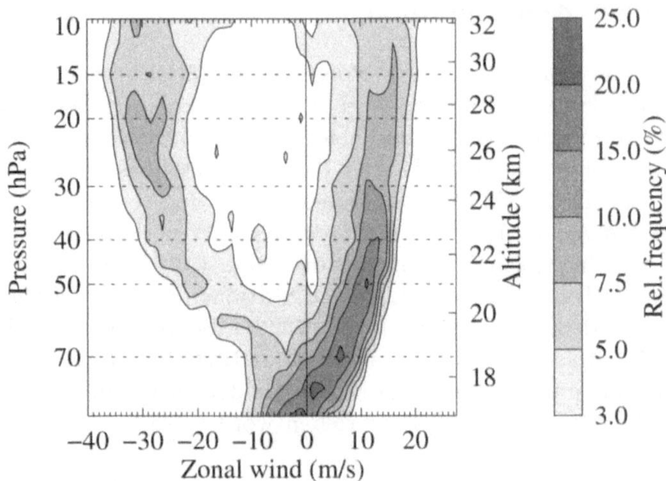

Abb. 4.2: Relative Häufigkeitsverteilung der Monatsmittel des zonalen Windes (1953–1997); die Klassenbreite beträgt 2.5 m/s (Marquardt 1997)

Eine andere Darstellung der Winde am Äquator zeigt die Abb. 4.2. Diese relative Häufigkeitsverteilung der Monatsmittel des zonalen Windes weist oberhalb von 70 hPa sehr deutlich eine bimodale Struktur auf. Für diese Abbildung wurden in jedem Druckniveau alle Monatsmittel in Klassen mit einer Breite von 2.5 m/s eingeteilt. Die Abbildung zeigt die relative Häufigkeit der beobachteten Windgeschwindigkeiten in jeder Klasse, die Prozentangaben beziehen sich jeweils auf jede Fläche separat.

Die Häufigkeitsverteilung spiegelt einige der bereits beschriebenen Eigenschaften der QBO wider: maximale Windgeschwindigkeiten treten während beider Windregime in Höhen um 20 hPa auf, wobei aber die Ostwinde (negative Werte) in allen Höhen stärker sind als die Westwinde. Mit abnehmender Höhe nimmt auch die Amplitude der QBO ab, und die beiden Äste der Häufigkeitsverteilung nähern sich einander an. Oberhalb von 70 hPa sind beide Moden deutlich voneinander getrennt.

Theorie der Entstehung der QBO (Kasten 4)

Bald nach ihrer Entdeckung gab es eine Reihe von Versuchen, die beobachtete Zeit–Höhen–Struktur der QBO theoretisch zu erklären. Da die beiden Phasen sich jeweils von oben nach unten ausbreiten, nahm man als Ursache zunächst einen Mechanismus in der mittleren oder höheren Stratosphäre an. Es zeigte sich jedoch, daß derartige Mechanismen die für die Bildung der QBO benötigte Beschleunigung des zonalen Windes nicht liefern können. Die heute allgemein akzeptierte Theorie geht auf Lindzen und Holton (1968) sowie Holton und Lindzen (1972) zurück. Demnach bewirken wandernde tropische Wellen, die in der Troposphäre angeregt werden und sich nach oben hin ausbreiten, die Schwankung des Windes. In der Stratosphäre werden diese Wellen gedämpft; der horizontale Wellenimpuls wird dabei auf den zonalen Wind übertragen und sorgt für dessen Beschleunigung. Ursprünglich gingen Lindzen und Holton (1968) davon aus, daß tropische Schwerewellen den wesentlichen Anteil an der Beschleunigung des zonalen Windes liefern; als Dämpfungsmechanismus vermuteten sie die turbulente Dissipation der (Wellen-) Energie durch das „Brechen" der Schwerewellen. Weil tropische Schwerewellen zwar von der Theorie vorausgesagt, aber bis dahin noch nicht beobachtet worden waren, modifizierten Holton und Lindzen (1972) ihre Theorie und schlugen nun eine thermische Dissipation tropischer planetarischer Wellen vor. Später stellte sich jedoch heraus, daß die Amplituden solcher Wellen nicht ausreichen, um die QBO erklären zu können. Inzwischen weisen die besser gewordenen Beobachtungsdaten allerdings wieder darauf hin, daß die QBO doch das Resultat brechender tropischer Schwerewellen ist.

Die turbulente Dissipation von Schwerewellen und damit die Windbeschleunigung hängen vom zonalen Grundstrom ab. In Westwinden breiten sich westwärts wandernde Wellen ungestört aus, aber ostwärts wandernde Wellen werden gedämpft und verstärken dabei den bereits herrschenden Westwind. In Bereichen mit Ostwind ist dies umgekehrt.

Die Schwingung des zonalen Windes bei der QBO entsteht durch das Zusammenspiel von ost- und westwärts wandernden Wellen: In einer bereits vorhandenen Westphase verstärken ostwärts wandernde Wellen den Westwind; dessen Maximum sinkt ab. Gleichzeitig können westwärts wandernde Wellen das Westwindgebiet ungehindert passieren. Weiter oben sind ostwärts wandernde Moden fast vollständig dissipiert, und der zunächst geringe östliche Impulsübertrag der westwärts wandernden Wellen reicht aus, um den Westwind abzubremsen und schließlich in Ostwind umschlagen zu lassen. Durch die erhöhte Absorption dieser Wellen verstärkt sich die so gebildete Ostphase, sinkt ihrerseits ab und ersetzt schließlich das darunterliegende Westwindregime. Mit dem Abnehmen des Westwindes in der unteren Stratosphäre werden ostwärts gerichtete Wellen dort weniger stark gedämpft, können sich wieder nach oben ausbreiten und in der oberen Stratosphäre den Einsatz einer neuen Westphase initiieren. Amplitude und Periode der QBO hängen also von den Eigenschaften der sie antreibenden Wellen ab; sie sind das Ergebnis der im Mittel vorhandenen Schwerewellenaktivität.

4.4 Zusammenhang zwischen der tropischen QBO und den hohen Breiten

Wie schon oben angedeutet, zogen Scherhag und seine Mitarbeiter schon mit einem Datenmaterial von wenigen Jahren Schlüsse auf Zusammenhänge zwischen der QBO und der Zirkulation in den hohen Breiten, die man statistisch noch keinesfalls absichern konnte. Dennoch haben sich einige der Spekulationen inzwischen als durchaus richtig erwiesen (s. Kap. 3).

1980 stellten dann Holton und Tan auf der Basis der Daten von 16 Jahren folgende Theorie auf: Die Ausbreitungsmöglichkeiten von planetarischen Wellen sind abhängig von dem zonalen Wind. Bei Westwinden vom Polargebiet bis in die Tropen kann sich die planetarische Welle 2 gut ausbreiten und das führt zu einem kalten, stabilen Polarwirbel. Geht man aber bei Ostwinden vom Äquator aus nach Norden, dann stößt man bei etwa 30°N auf eine sogenannte „kritische Linie", wo der Wind auf Null geht, bevor der Westwind des Polarwirbels anfängt. In diesem Fall kann sich die planetarische Welle 1 gut ausbreiten und das führt zur Ausbildung eines starken Alëutenhochs und zu einem wärmeren Polargebiet mit häufigen „Major Warmings" (s. Kap. 3.2). Dies gilt allerdings nur im Minimum des Sonnenfleckenzyklus, wie man inzwischen mit den Daten von 40 Wintern zeigen kann (s. Kap. 3.3.2).

In diesem Zusammenhang ist es bemerkenswert, daß in den heute gebräuchlichen GCMs (General Circulation Models), insbesondere in den Klimamodellen bisher keine QBO modelliert werden konnte (Pawson 1992). Dies zeigt, daß vermutlich die tropische Konvektion noch nicht ausreichend genau genug modelliert wird. Man kann also noch nicht erwarten, daß die Zusammenhänge zwischen der QBO und der Stratosphäre der hohen Breiten, sowie Rückkoppelungen auf die Troposphäre in GCMs richtig wiedergegeben werden. Da im Kapitel 3 auf solche Wechselwirkungen vielfach hingewiesen wurde, ist es besonders unbefriedigend, daß die Modelle dies noch nicht leisten können.

Beim Schreiben des Buches wurde aber die erste erfolgreiche Modellierung einer QBO im Modell des Europäischen Zentrums für Mittelfristige Wettervorhersage (EZMW) bekannt, so daß hier doch Hoffnung auf bessere Ergebnisse besteht.

Literatur

Baur F. (1927): Das Periodogramm hundertjähriger Temperaturbeobachtungen in Berlin (Innenstadt). Meteorol. Zeitschrift, **44**, 414–418.

Bryson R.A., Dutton J.A. (1961): Some aspects of the variance spectra of tree rings and varves. Ann.N.Y.Acad.Sci. **95**, Art.1.

Clayton H.H. (1884): A lately discovered meteorological cycle. American Met. Journal, **1**, No.4, 130–144.

Clayton H.H. (1885): A lately discovered meteorological cycle, II. American Met. Journal, **1**, No.12, 528–534.

Ebdon R.A. (1960): Notes on the wind flow at 50mb in tropical and sub–tropical regions in January 1957 and January 1958. Quart.J.Roy. Met.Soc., **86**, 540–542.

Ebdon R.A. (1961): Some notes on the stratospheric winds at Canton Island and Christmas Island.Quart.J.Roy.Met.Soc., **87**, 322–331.

Graystone P. (1959): Meteorological Office discussion on tropical meteorology. Met. Magazine, **88**, 117.

Holton J.R., Lindzen R.S. (1972): An updated theory for the Quasi-Biennial Oscillation of the tropical stratosphere. J.Atmos.Sci., **29**, 1076–1080.

Hurrel J.W., van Loon H. (1997): Decadal variations in climate associated with the North Atlantic Oscillation. Climatic Change, **36**, 301–326.

Landsberg H.E. (1962): Biennial Pulses in the Atmosphere. Beitr. Phys. Atmos., **35**, 184–194.

Lindzen R.S., Holton J.R. (1968): A theory of the quasi-biennial oscillation. J.Atmos. Sci., **25**, 1095–1107.

Marquardt C. (1997): Die tropische QBO und dynamische Prozesse in der Stratosphäre. Dissertation, Institut für Meteorologie, FU-Berlin.

Naujokat B. (1986): An update of the observed Quasi-Biennial Oscillation of the stratospheric winds over the tropics. J.Atmos.Sci., **43**, 1873–1877.

Pawson S. (1992): A note concerning the inability of GCMs to model the QBO. Ann. Geophys., **10**, 116–118.

Reed R.J., Campbell W.J., Rasmussen L.A., Rogers D.G. (1961): Evidence of a downward-propagating, annual wind reversal in the equatorial stratosphere. J. Geophys. Res., **66**, 813–818.

Scherhag R., Labitzke K., Petzoldt K., Warnecke G. (1961): The yearly changes of stratospheric circulation. Proceedings Symposium Atmospheric Ozone, Arosa/CH.

Sellers W.D. (1960): Precipitation trends in Arizona and New Mexico. Proc. 28th Annual W. Snow Conf., Santa Fe, N.Mex., 81.

Veryard R.G., Ebdon R.A. (1963): The 26 month tropical stratospheric wind oscillation and possible causes. Proc. Internat. Symp. on Stratospheric and Mesospheric Circulation, August 1962 in Berlin. Met. Abh.FU–Berlin, Band XXXVI.

Woeikof A. (1895): Die Schneedecke in „paaren" und „unpaaren" Wintern. Meteorol. Zeitschrift, **12**, 77–78.

Woeikof A. (1906): Perioden in der Temperatur von Stockholm. Meteorol. Zeitschrift, **23**, 433–436.

5 Die Ozonschicht und ihre Probleme

5.1 Einleitung

In fast jeder Diskussion über Umweltprobleme, ob Treibhauseffekt, Grundwasserverschmutzung oder Überschwemmungen, fällt früher oder später das Wort „Ozonloch" – jeder Laie benutzt es mit einer verblüffenden Selbstverständlichkeit. Obwohl er kaum wissen kann, was sich hinter dem Wort „Ozonloch" eigentlich verbirgt, fühlt er sich (in Deutschland) laut Meinungsumfragen im Vergleich zu allen anderen Umweltproblemen von dem „Ozonloch" am meisten bedroht; und manche Presseberichte schüren diese Angst, indem gelegentlich im Winter vollkommen unsachgemäß und falsch von einem „Ozonloch über Berlin oder über Deutschland" berichtet wird.

In dem nachfolgenden Kapitel soll gezeigt werden, daß wir es mit einem *besorgniserregenden langfristigen, bis in die Mitte des nächsten Jahrhunderts andauernden Abbau des Ozons* zu tun haben, der durch die Fluorchlorkohlenwasserstoffe (FCKW), aber auch durch den Anstieg anderer anthropogener Spurenstoffe verursacht wird, und daß deshalb Maßnahmen ergriffen wurden, um die Produktion und den Verbrauch dieser gefährlichen Produkte zu reduzieren oder zu stoppen. Es soll aber auch klargestellt werden, daß sich bei uns auf der Nordhemisphäre bis jetzt kein „Ozonloch", wie es über der Antarktis beobachtet wird, ausbilden kann, so daß wir in Deutschland während des ganzen Jahres vor den Sonnenstrahlen keine Angst haben müssen, jedenfalls nicht mehr als unsere Vorfahren und gewiss nicht mehr, als wenn wir ein paar hundert Kilometer weiter in den Süden reisen (Labitzke 1995).

5.2   Frühe Beobachtungen

Götz beschreibt 1931 den Stand der Wissenschaft zu Thema **Ozon** wie folgt:

> Das hier darzustellende Gebiet des atmosphärischen Ozons – glei-
> chermaßen reizvoll als ein Stück Wissenschaftsgeschichte wie durch
> mannigfache Verknüpfung mit allerverschiedensten Problemen –
> reicht wesentlich zurück auf ganz verschiedene Wurzeln. Es ist
> die Frage der ultravioletten Grenze des Sonnenspektrums. Und
> gleich überraschend wie dieser Ausgangspunkt ist heute, da das
> Problem zwar immer noch eines der Atmosphäre, aber in erster
> Linie der *hohen* Atmosphäre ist, das Ineinandergreifen von Meteo-
> rologie (Ozon und Luftdruckverteilung), Geophysik (Konstitution
> der Atmosphäre), Astrophysik (Ursache der Schicht) und Biologie
> (Ozon als Lichtfilter), ...

und er sieht ganz richtig, daß wir es mit einem „interdisziplinären" Problemkreis zu tun haben. Er hat auch verstanden, daß es ein Problem der
hohen Atmosphäre, also der Stratosphäre, ist, aber er konnte nicht ahnen,
daß es uns heute alle betrifft, wobei nun allerdings von einigen Kollegen die
Chemie zuerst, als wichtigster Mitspieler, genannt werden würde.

Das am Erdboden gemessene Sonnenspektrum erstreckt sich weder nach
der infraroten, also der langwelligen, noch nach der ultravioletten, also der
kurzwelligen Seite so weit, wie es aus der Analogie mit künstlichem Licht auf
Grund der Strahlungsgesetze erwartet werden müßte. Ganz besonders kraß
ist der Abbruch im Ultravioletten. Bei einer Temperatur von rund 6000° Kel-
vin müßte die Sonne im Verhältnis zu der Energie, die wir bei der Wellenlänge
4000 Å empfangen, bei 3000 Å noch 61% und bei 2000 Å noch 9% ausstrahlen. Unter günstigsten Verhältnissen ist bis heute als kürzeste Wellenlänge
nur 2863 Å nachgewiesen; ein ausgedehnter Teil des Sonnenspektrums fehlt
völlig. Anschaulich wird dies schon 1879 von Cornu beschrieben: Es sei, als ob
ein beweglicher Schirm je nach Sonnenhöhe einen Teil des Spektrums zudeck-
te oder wieder frei gäbe, welches selbst sich so gut wie ungestört fortsetze.
Hieraus folgert Cornu denn auch, daß Absorption *in der irdischen Atmosphäre* die Grenze verursachen dürfte. 1880 fand Hartley, daß es der Ozongehalt der Luft sein muß. Er hatte durch ozonisierten Sauerstoff hindurch
fotografiert und im fraglichen Gebiet die große Ozon-Absorptionsbande gefunden, die nach ihm benannt ist.

Wo war nun aber das Ozon? Wigand kommt bei seiner Ballonfahrt im
September 1912 bis zu einer Höhe von 9000 m zu dem Schluß, daß bis in
diese Höhe kein Ozon vorhanden ist und daß es folglich nur in den oberen
Atmosphärenschichten vorhanden sein kann.

Bildung und Zerstörung von Ozon (Kasten 5.1)

Ozon ist die dreiatomige Form (O_3) des gewöhnlichen Luftsauerstoffs (O_2). Es entsteht im wesentlichen in der tropischen Stratosphäre, in Höhen zwischen 20 und 50 km. 1930 hat Chapman die Bildung und Zerstörung des Ozons als erster richtig beschrieben. In einer reinen Sauerstoffatmosphäre handelt es sich um drei Prozesse:

1.) Die kurzwellige UV-Strahlung der Sonne, mit einer Wellenlänge kleiner als 242 nm, spaltet das Sauerstoffmolekül (O_2) in atomaren Sauerstoff (O):

UV-Strahlung $+ O_2 \Longrightarrow O + O$; dabei wird also die UV-Strahlung absorbiert. Diesen Prozeß nennt man „Photodissoziation" oder „Photolyse".

2.) Die Sauerstoffatome können sich an die Sauerstoffmoleküle anlagern und so Ozon (O_3) bilden. Es wird dabei noch ein Stoßpartner (M) gebraucht, der überschüssige Energie aufnimmt, dabei aber unverändert bleibt:

$O + O_2 + M \Longrightarrow O_3 + M$.

Diese Ozonbildung geschieht überall, wo genügend UV-Strahlung vorhanden ist, besonders aber in der oberen Stratosphäre und unteren Mesosphäre, wo die UV-Strahlung direkt ankommt. Und bei diesem Prozeß der Absorption erwärmt sich die Atmosphäre und bildet dadurch die warme Stratosphäre und untere Mesosphäre, eine Region, die man auch **Mittlere Atmosphäre** nennt (s. Kasten 1.5).

3.) Gleichzeitig mit der Bildung findet auch ein Abbauprozeß des Ozons statt, denn Licht bis zu Wellenlängen von 1200 nm zerstört das Ozon:

Licht $+ O_3 \Longrightarrow O + O_2$; und

$O_3 + O \Longrightarrow O_2 + O_2$.

Wenn wir es nur mit den oben beschriebenen Prozessen zu tun hätten, dann würde ein sogenanntes „photochemisches Gleichgewicht" herrschen. Berechnet man aber den Ozongehalt mit Hilfe moderner Großrechner nach diesen Gleichungen, dann bekommt man etwa 30% zuviel Ozon! Es findet also mehr Ozonabbau statt. Dies geschieht über sogenannte **katalytische** Abbaureaktionen (nach Fabian 1992):

(1) $\mathbf{X} + O_3 \Longrightarrow OX + O_2$, d.h., es wird Ozon zerstört;

(2) $OX + O \Longrightarrow \mathbf{X} + O_2$, d.h., der Katalysator wird wieder frei.

Netto: (1) + (2): $O_3 + O \Longrightarrow O_2 + O_2$.

X ist der Katalysator (z. B. Chlor(Cl), Wasserstoff(H), Stickoxid(NO), Hydroxyl(OH) usw.), er wird im zweiten Schritt wieder zurückgebildet, d.h., er ist wieder frei und kann weiterhin Ozon zerstören, solange er nicht durch andere Reaktionen gebunden wird. Außer natürlichen Katalysatoren gibt es anthropogene, wie z. B. das NO, das bei der Verbrennung fossiler Brennstoffe entsteht, und das Cl, das aus den FCKWs durch Photolyse entsteht. Die zahlreichen, komplizierten chemischen Prozesse, die hier eine Rolle spielen, werden bei Fabian (1992) ausführlich erklärt.

5.2.1 Dobsons frühes Meßnetz

Einen wichtigen Beitrag zur Erforschung des Ozons lieferte der Nestor der Ozonforschung, Prof. G.M.B.Dobson aus Oxford. Er entwickelte das *Dobson-Spektrometer*, mit dem man vom Boden aus das Intensitätsverhältnis zweier UV-Spektralbereiche unterschiedlicher Ozon-Absorption mißt und daraus den Betrag des *Gesamtozons* berechnet. Als Lichtquelle dient dabei sowohl die Sonne selbst sowie deren Streulicht aus dem Zenit. Dieses gestattet bei niedrigen Sonnenständen zusätzlich die Bestimmung der vertikalen Ozon-Verteilung mit Hilfe eines analytischen Verfahrens (Umkehrmethode), das Götz entwickelt hat.

Dobson baute 7 identische Spektrometer und verteilte sie in den Jahren 1926/27 über Europa – Oxford, Valentia, Lerwick, Abisko, Lindenberg, Arosa– und eines schickte er nach Montezuma in Chile. 1928/29 verteilte er sie über die ganze Welt: Table Mountain/Kalifornien, Heluan/Ägypten, Kodaikanal/Indien, Christchurch/Neuseeland, Arosa/Schweiz. Durch diese Initiative bekam man schon recht früh eine gute Vorstellung über die Verteilung und den Jahresgang des Gesamtozongehalts, und man erkannte schon die folgenden, auch heute noch gültigen Fakten (Dobson 1930):

- Der Gesamtozongehalt hat in den mittleren Breiten einen starken Jahresgang mit einem Maximum im Frühjahr; [für die Stationen nördlich von Arosa lagen von Oktober bis März noch keine Beobachtungen vor und dort konnte man über den Jahresgang noch nichts Verbindliches aussagen.]

- In den Tropen und Subtropen ist der Jahresgang bei *an sich sehr niedrigem Ozongehalt* sehr schwach ausgeprägt.

- Auf der Südhemisphäre, in Neuseeland (44°S), ist das Maximum ebenfalls im Frühjahr zu beobachten, die Phase ist also um 6 Monate verschoben.

Besonders verwundert war man natürlich über die Tatsache, daß in den Tropen, dort, wo die Sonne am intensivsten scheint, so wenig Ozon vorhanden war.

5.2.2 Der Ozongehalt über Tromsö

Da später, bei der Behandlung des „Ozonloch"–Problems, das Ozon in der Arktis, speziell über Skandinavien, noch wichtig werden wird, sollen hier aus einer sehr sorgfältigen Arbeit von Langlo (1952) Ozondaten von Tromsö aus den Jahren von 1940 bis 1949 diskutiert werden.

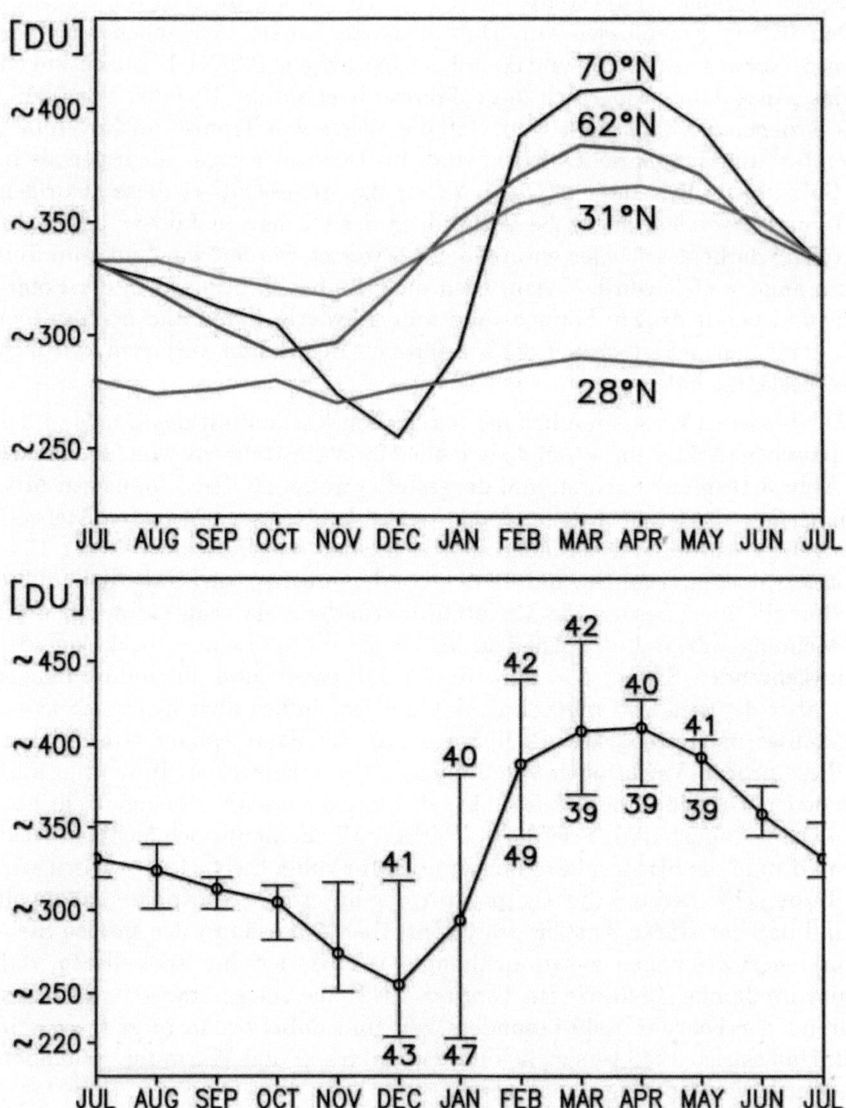

Abb. 5.1: (oben) Der Jahresgang des Gesamtozons über Stationen in verschiedenen geographischen Breiten: Tromsö (70°N); Dombaas (62°N); Schanghai (31°N); Delhi (28°N; (unten) Der mittlere Jahresgang des Gesamtozons über Tromsö für die Jahre 1939 bis 1949, mit den Extremen aus diesem Zeitraum. (Daten von Langlo (1952); die originalen Werte wurden an die heute gültige Skala in Dobson Einheiten (DU) **angeglichen**, d.h., sie wurden an den heute zur Verfügung stehenden TOMS–Satellitendaten kalibriert)

In der Abb. 5.1(oben) wird der Jahresgang des Gesamtozons für verschiedene Stationen dargestellt, meist über 10 Jahre gemittelt: Im Vergleich zu den frühen Ergebnissen von Dobson hatte Langlo inzwischen auch für Tromsö/Norwegen (70°N) und Dombaas/Norwegen (62°N) Beobachtungen für das ganze Jahr, wobei sich diese Jahresmittel auf die 10 Jahre von 1940–1949 beziehen. Es fällt sofort auf, daß die Werte von Tromsö im November, Dezember und Januar sehr niedrig sind, im Dezember sogar niedriger als in den Subtropen, über Indien (Delhi: 28°N). Langlo diskutiert diese niedrigen Werte und besonders die große Variabilität des Ozons von Jahr zu Jahr sehr sorgfältig, da beides wieder einmal nicht erwartet worden war und zum Teil darum angezweifelt wurde. Wenn auch die Ozonbeobachtungen in der Polarnacht und bei niedrigem Sonnenstand sehr schwierig waren und noch immer sind, kann man sich doch auf die sorgfältigen Beobachter verlassen, wie sich heute bestätigt hat.

Zur besseren Veranschaulichung der großen Variabilität des Ozons in der europäischen Arktis im Winter sind die Monatsmittelwerte von Tromsö in der Abb. 5.1(unten) noch einmal dargestellt, wobei zu dem 10jährigen Mittel noch jeweils der höchste und der tiefste beobachtete Monatsmittelwert hinzugefügt wurde. Wir erkennen hier z. B., daß das Ozon im Februar 1942 besonders hoch und im Februar 1949 besonders niedrig war. Natürlich mußte sich Langlo über diese große Variabilität wundern, da man bis dahin noch der Meinung war, daß der Anstieg des Ozons im Spätwinter direkt mit der zurückkehrenden Sonne, d.h. nur mit der Jahreszeit zusammenhing. Langlo führt aber deutlich und mutig aus, daß dies so einfach aber nicht sein kann, und daß es meteorologische Bedingungen in der Stratosphäre sein müssen, die diese großen Variationen von Jahr zu Jahr verursachen. Immerhin muß man bedenken, daß zu dem Zeitpunkt, als Langlo seine Arbeit eingereicht hat, nämlich im August 1951, Scherhags „Berliner Phänomen" noch nicht entdeckt war und man die Stratosphäre immer noch für ruhig hielt. Heute wissen wir, daß Ozon sehr stark an die Temperatur der unteren Stratosphäre gekoppelt ist und daß der starke Anstieg des Ozons über Tromsö mit den großen Stratosphärenerwärmungen zusammenhängt. Man darf daher spekulieren, daß sowohl im Januar 1940 wie im Februar 1942 eine solche stattgefunden hat, während der Februar 1949 besonders kalt und dabei ozonarm gewesen sein muß. Daß es sich 1949 tatsächlich um ein spätes „Final Warming" gehandelt hat, wurde von Godson (1963) bestätigt (s. Kap. 3).

Langlo war noch in einem anderen Punkt seiner Zeit voraus. Er hat nämlich als erster einen Zusammenhang zwischen dem Auftreten von „Perlmutterwolken" und besonders niedrigen Ozonwerten vermutet. (Diese Wolken heißen auf englisch „Mother–of–Pearl Clouds" und sind seit 1870 bekannt (s. Kasten 5.2). Neuerdings, in Verbindung mit der Ozonloch-Problematik, nennt man sie „Polar Stratospheric Clouds" (PSCs), s. u.).

Langlo stellte in seiner Arbeit für den Zeitraum seiner Daten, d.h. von 1939 bis 1949, alle Beobachtungen der „Perlmutterwolken", die er von Störmer zur Verfügung gestellt bekam, zusammen, und verglich sie mit den Ozonbeobachtungen. Es war damals bekannt, daß diese wunderschön irisierenden Wolken meist in hohen Breiten (vorzugsweise Skandinavien) und besonders im Lee hinter Gebirgen, in einer Höhe zwischen 22 und 27 km auftreten (Störmer 1931). In einem Fall war eine sehr niedrige Temperatur von -83 Grad in 23 km Höhe über Norwegen gemessen worden, und ein Zusammenhang mit bestimmten Wetterlagen war auch klar erkannt worden.

Aber noch 1950 schreibt Dieterichs

> Die *warme Ozonschicht* [!] scheint an der Bildung der Perlmutterwolken unbeteiligt zu sein.

So war der Gedanke von Langlo schon bemerkenswert und er selbst ist auch sehr vorsichtig mit der Formulierung seiner Ergebnisse. Tatsächlich findet er aber gleichzeitig mit dem Auftreten der Perlmutterwolken in mehreren Fällen Ozonwerte in Oslo und Tromsö, die niedriger liegen als die damals bekannten Werte in den Tropen.

Inzwischen sind seine Ergebnisse voll bestätigt worden, denn wir wissen heute, daß

- auf der Nordhalbkugel im Winter die niedrigsten Temperaturen in der Stratosphäre im Mittel über Skandinavien liegen und daß

- die Perlmutterwolken bei sehr niedrigen Temperaturen in der Stratosphäre und bei gleichzeitig sehr niedrigem Ozongehalt auftreten, wobei an den Wolken selbst eine komplizierte heterogene Chemie abläuft, bei der Ozon abgebaut wird, s. u. Diese ist heute durch die Zunahme des anthropogenen Chlors verstärkt.

Offen ist dagegen heute noch die Frage, ob die „Perlmutterwolken" zugenommen haben! Der an sich sehr geringe Wasserdampf in der Stratosphäre entsteht durch die Photolyse des Methans, das wie das Kohlendioxid mit der Zunahme der Weltbevölkerung ansteigt. Im Kapitel 2 wurde auf einen Abkühlungstrend in der Arktis hingewiesen. Beide Faktoren, eine Abkühlung und eine Zunahme des Wasserdampfes, können möglicherweise dazu beitragen, daß die polaren stratosphärischen Wolken zunehmen und damit auch die Ozonzerstörung verstärken. Eine Umfrage bei den Bewohnern von Kiruna/Nordschweden hat jedoch kein klares Ergebnis gebracht: „Die waren schon immer da!" (Persönliche Mitteilung, S.Kirkwood).

Da es keine weiteren soweit zurückreichenden Ozonbeobachtungen aus der Arktis gibt, sind die frühen Messungen von Tromsö für die Diskussion eines Ozontrends in der Arktis ganz besonders wichtig und aufschlußreich! Der Ozongehalt der Atmosphäre wurde in Tromsö bis 1969 fast durchgehend gemessen, dann wurden die Beobachtungen jedoch eingestellt – lange Beobachtungsreihen „kamen aus der Mode"! Und erst 1985, als allmählich eine Besorgnis um die Ozonschicht erwachte, wurde wieder mit regelmäßigen Messungen des Ozons begonnen, s. u.

Die Perlmutterwolken (Kasten 5.2)

Von den besonders schönen, irisierenden Wolken, die in „großen Höhen" beobachtet werden, wird seit 1870 berichtet, also deutlich schon eher als die Eruption des Vulkans „Krakatau" 1883. Dies geht aus einer sehr sorgfältigen Übersicht von Stanford und Davies (1974) hervor. Eine der ersten Beschreibungen ist die von Mohn, der 1893 schreibt:

> In den letzten 20 Jahren sind hier in Christiania [dem heutigen Oslo] mehrmals Wolken mit eigenthümlichen Farben und zum Theil eigenthümlicher Form beobachtet worden. Sie sind, nach ihrem am meisten ins Auge fallenden Kennzeichen, als Perlmutterwolken oder irisirende Wolken bezeichnet worden, indem sie sich mit prachtvollen Spektralfarben sowohl in ihrer Mitte als an ihren Rändern zeigen.

In seinem Artikel beschreibt Mohn die vorherrschende Wetterlage beim Auftreten dieser Wolken wie folgt:

> Westwinde, welche vom Nordmeer kommen, haben die Bergmassen des südlichen Norwegens überschritten und sind nach Christiania als echte Föhnwinde herabgekommen. Die Luft ist klar und wir können den Anblick der hohen irisirenden Wolken genießen.

Auch heute, mehr als 100 Jahre später, ist dem nicht viel hinzu zufügen: Man spricht jetzt gerne von Leewolken hinter den skandinavischen Gebirgen, d.h., von Föhn (!), und wir wissen, daß die Kombination von einer Hochdrucklage, wie sie offensichtlich von Mohn beschrieben wird, und einer besonders kalten Stratosphäre die Ausbildung von Perlmutterwolken begünstigt. Die frühen Berichte über die Perlmutterwolken stammen nicht nur aus Skandinavien, auch über Prag (1886), im Gebiet des Yukons/Kanada (1888) und über Berlin (1892) wurden sie beobachtet.
Frühe Berichte über die Perlmutterwolken liegen uns auch aus der Antarktis vor: Arctowskiy (1902) beschreibt sie während der Belgischen Antarktisexpedition 1897/98, und Barkow (1924) berichtet von ihnen während der Deutschen Antarktisexpedition 1911–12.
Eine mit den heutigen Erkenntnissen übereinstimmende Höhenbestimmung der Wolken (22–27 km) gelang erst 1931 durch Störmer. Vorher wurden in Beschreibungen diese Wolken aus der winterlichen Stratosphäre manchmal mit den nur im Sommer an der polaren Mesopause in 85 km Höhe auftretenden „Leuchtenden Nachtwolken" verwechselt.

5.3 Die natürliche Verteilung des Gesamtozons

Wenn man die Ozonverteilung ohne eine Berücksichtigung der meteorologischen Zustände, besonders ohne die durch die vorherrschenden Winde entstehenden Transporte der Luft berechnete, würde man eine Verteilung des Ozons erhalten, die mit den Beobachtungen überhaupt nicht zusammenpaßt: Es gäbe dann ein Maximum des Gesamtozons in den Tropen, dort, wo die Sonne am intensivsten scheint. Die inzwischen durch Messungen mit dem „Total Ozone Mapping Spectrometer (TOMS)" vom Satelliten aus recht gut bekannte Verteilung des Gesamtozons zeigt die Abb. 5.2, die das Ozon über der Erde im Jahresmittel darstellt. In den Tropen, also von etwa 23 Grad nördlicher bis 23 Grad südlicher Breite, befindet sich ein breites Minimum (in lila und dunkelblau) mit Werten unter 290 Dobson-Einheiten (DU), eine Einheit, die jetzt allgemein für den Gesamtozongehalt verwendet wird und die nach Dobson (s. o.) so genannt ist. (100 DU entsprechen einer Schichtdicke des Ozons von 1 mm bei einem Normaldruck von 1013 hPa und einer Temperatur von 15°C). Wir finden so wenig Ozon über den Tropen, weil die vorherrschenden Winde in der Stratosphäre das Ozon in die mittleren und hohen Breiten transportieren. Das bedeutet, daß dort, in den Tropen (und Subtropen !), die UV-Strahlung aus zwei *natürlichen* Gründen besonders stark ist:

- weil die Sonne hochsteht und damit der Weg für die Strahlung durch die Atmosphäre kurz ist, und

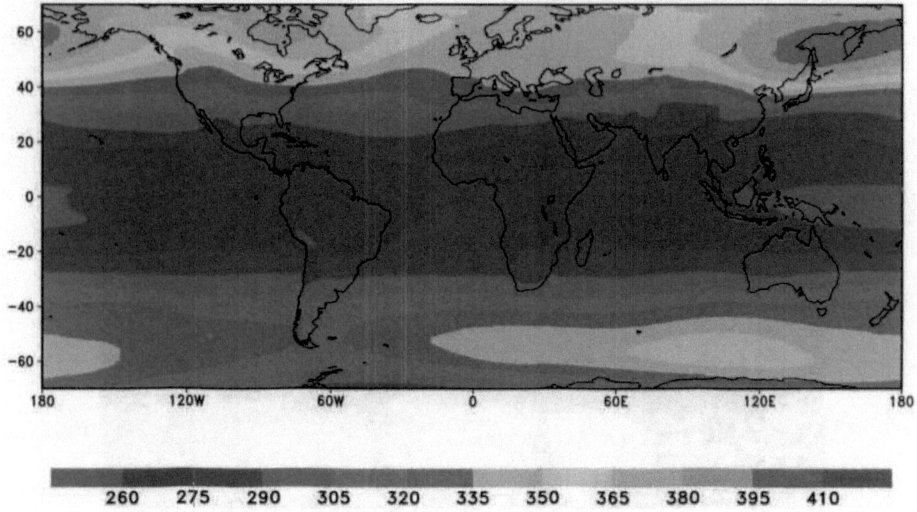

Abb. 5.2: Globale Verteilung des Gesamtozongehalts (in Dobson-Einheiten, DU) im Jahresmittel, für den Zeitraum von 1979–1992. (Institut für Meteorologie, Freie Universität Berlin, aus TOMS–Daten der NASA)

- weil wenig Ozon vorhanden ist, welches die UV-Strahlung vorher absorbieren könnte.

Nicht zufällig sind die Naturvölker in den Tropen meist dunkelhäutig und damit an die starke Strahlung angepaßt – und nicht zufällig befinden sich unsere Urlaubs-„Traumziele" in diesen Regionen, da ja „Urlaubsbräune" bei uns immer noch eine Art Statussymbol ist.

Sehr interessant ist die Ozonverteilung z. B. über Australien: Ein großer Teil dieses Kontinents liegt sehr nahe am Äquator, d.h., daß es noch vom Bereich des tropischen–subtropischen Ozonminimums erfaßt wird. Hier müssen hellhäutige Menschen besonders vorsichtig mit der Sonne umgehen, insbesondere auch weil die Luft auf der Südhemisphäre so viel sauberer ist als auf der Nordhemisphäre! Denn die verschmutzte Luft auf der Nordhemisphäre schützt dort etwas vor der UV-Strahlung. Entsprechendes gilt natürlich für die gesamten Tropen und Subtropen.

Bei uns in Mitteleuropa haben wir im *Jahresmittel* Werte des Total-Ozons (Gesamtozongehalt) zwischen 335 und 350 Dobson-Einheiten (DU), (hellgrün). Im einzelnen kann dieser Wert aber *von Natur aus* besonders im Winter und Frühjahr innerhalb weniger Tage zwischen 200 und 500 Einheiten schwanken, wie im Kapitel 3 ausgeführt wurde.

Die Abb.5.2 zeigt auch, daß über den südlichen *mittleren Breiten*, z. B. südlich von Australien, im Jahresmittel *von Natur aus(!)* deutlich weniger Ozon vorhanden ist als über den vergleichbaren nördlichen Breiten. Dies ist wieder ein Ergebnis der Meteorologie, denn diese Regionen der Stratosphäre sind im Jahresdurchschnitt viel kälter als die entsprechenden der Nordhemisphäre, und kältere Gebiete sind immer mit weniger Ozon verbunden. Dennoch gibt es in der Abb. 5.2 bei etwa 55°S zunächst wieder einen Ring mit höheren Ozonwerten, die dort gelegentlich auch auf Werte um 450 DU ansteigen können (s. Abb. 5.4). Erst über der Antarktis treffen wir wieder sehr niedrige Ozonwerte an, die hier einerseits im Zusammenhang mit den sehr niedrigen Temperaturen während des Winterhalbjahres zu erwarten sind, andererseits heute aber durch die anthropogene Ozonzerstörung entstehen.

5.4 Anthropogene Ozonabnahme in der Stratosphäre

5.4.1 Katalytische Ozonzerstörung

Modellrechnungen, die auch von den Beobachtungen der letzten 10 Jahre bestätigt werden, sagen für die nächsten 30 bis 40 Jahre eine *globale* Abnahme des Ozons in der Stratosphäre von 2–3% pro Dekade voraus, wenn das in Kopenhagen verschärfte Montrealer Abkommen (s. u.) eingehalten wird. Diese anthropogene Ozonabnahme wird mit hoher Wahrscheinlichkeit von den chlor- und bromhaltigen Bruchstücken der FCKW, der Halone (z. B. in Feuerlöschern), des Methylchloroforms und des Methylbromids (Schädlingsbekämpfungsmittel) sowie des Tetrachlorkohlenstoffs (in chemischen Reinigungen) verursacht. Aber auch erhöhte N_2O (Lachgas)- und CH_4 (Methan)-Konzentrationen tragen über die aus ihnen entstehenden ozonabbauenden NO- bzw. OH-Radikale dazu bei; (vgl. Kasten 5.1: Bildung und Zerstörung von Ozon).

Die in der Stratosphäre durch Photolyse überwiegend anthropogener Gase freigesetzten Chloratome (Cl: Chlor) reagieren mit Ozon unter Bildung des Chlormonoxidradikals (ClO). Dieses wird durch Reaktion mit OH, NO und O-Atomen in Cl-Atome zurückgeführt. Damit wird der Kreis geschlossen, in dem ein einziges Chloratom viele tausend Ozonmoleküle zerstören kann. Diesen Kreislauf nennt man „katalytische Ozonzerstörung".

Ein zusätzliches Problem besteht darin, daß die atmosphärische Lebensdauer der oben genannten anthropogenen, ozonschädigenden Gase sehr lang ist, z. T. mehr als 50 Jahre. Deshalb wird der Chlorgehalt der Atmosphäre selbst nach der drastischen Reduktion der FCKW-Emissionen noch viele Jahrzehnte erhöht bleiben (s. Abb. 5.14). Einen Erfolg haben die vom Montreal Protokoll (s. u.) und seinen Ergänzungen geforderten und inzwischen durchgeführten drastischen Reduktionen einiger Quellgase bisher schon gezeigt: der Anstieg der wesentlichen, anthropogenen, ozonschädigenden Gase hat sich deutlich abgeschwächt. So war z. B. der Anstieg von Freon–11 im Jahr 1993 um 25 bis 30% geringer als in den 70er und 80er Jahren (Abb. 5.3). Das Maximum der Belastung mit Chlor und Brom war in der Troposphäre im Jahr 1994, in der Stratosphäre wird es zur Jahrhundertwende erwartet.

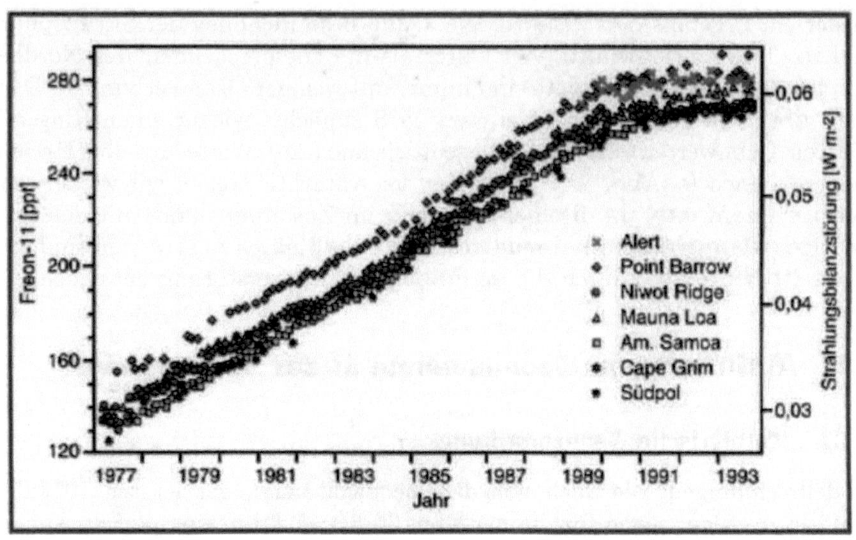

Abb. 5.3: Bodennahe Konzentrationen von Freon–11 in der Zeit von 1977 bis 1994 an verschiedenen Beobachtungsstationen. Freon–11 ist vollständig anthropogen und existierte vor den 50er Jahren nicht in der Atmosphäre (IPCC 1994)

Nicht nur die besonders von den Industrienationen hergestellten und benutzten FCKW sind auf ein Mehrfaches der natürlichen Gesamtkonzentration angewachsen. Die Nahrungsmittelproduktion einer wachsenden Bevölkerung führt zu der oben erwähnten Zunahme der Konzentration von Methan und Lachgas, dabei ist der Methangehalt der Atmosphäre zeitweise schneller angestiegen als der Kohlendioxidgehalt. Ungefähr 70% des Methans stammen aus pflanzlichen und tierischen Quellen, wie Reisfeldern und Wiederkäuern. Auch Lachgas wird in der Landwirtschaft bei zu stark gedüngten Acker- und Wiesenflächen gebildet. Beide Gase bauen ebenfalls, wie oben beschrieben, über die aus ihnen entstehenden Katalysatoren, NO bzw. das OH-Radikal, in der Stratosphäre Ozon ab, was letztendlich über die möglicherweise dadurch intensivierte UV-B-Strahlung auch zur Minderung von Ernten führen kann.

5.4.2 „Ozonloch" über der Antarktis

Es ist schon lange bekannt, daß der kalte stratosphärische antarktische Polarwirbel im Winter mit niedrigem Ozongehalt korreliert (Dobson, 1963; Godson, 1963). Gleichfalls weiß man nicht erst seit dem IGY 1957/58, daß die Frühjahrserwärmungen mit dem dazugehörigen Ozonanstieg über der Antarktis erst im Oktober/November auftreten, also wesentlich später als in den entsprechenden Monaten (Februar/März) über der Arktis.

Vollkommen unerwartet war dagegen nach 1979 die Ausbildung eines extremen Ozonminimums mit Monatsmitteln weit unter 200 DU im Südfrühjahr über der Antarktis, das sogenannte „Ozonloch". Dieses Ozonminimum ist das Ergebnis anthropogener Luftverschmutzung: Die zum größten Teil in der Nordhemisphäre produzierten und dort verbrauchten FCKW und Halone werden in die Stratosphäre transportiert und dort unter dem Einfluß starker UV-Strahlung photolysiert.

Verteilung des Ozons im Frühjahr

Um die regionale Ausdehnung des „Ozonlochs" über der Antarktis gut verstehen zu können, sind Monatsmittelkarten des Gesamtozongehalts, wie man sie heute vom Satelliten aus messen kann, sehr anschaulich. Darum werden im folgenden für beide Hemisphären Karten aus vier verschiedenen Jahren gezeigt, s. Abb. 5.4 und Abb. 5.5.

Für die Antarktis sind September und Oktober die entscheidenden Monate, in denen die Temperaturen noch niedrig genug sind, gleichzeitig aber die Sonne scheint und Radikale aktiviert, die dann das Ozon sehr effektiv zerstören können, s. u. Die vier ausgewählten Oktober-Monate in Abb. 5.4 zeigen den Gesamtozongehalt für die Jahre 1979, 1987, 1988 und 1992. Man erkennt verschiedene interessante Fakten: Im Zentrum der Karte, also über der Antarktis, finden wir ein Minimum, das sich von dunkelgrün (Werte zwischen 270 und 300 DU) im Oktober 1979 auf lila (Werte zwischen 120 und 150 DU) im Oktober 1992 vertieft, d.h., eine Halbierung des Gesamtozons über der Antarktis von 1979 bis 1992. Dieses Minimum liegt in diesen Mittelkarten deutlich über der Antarktis, und es erreicht auch nur an wenigen Einzeltagen Feuerland, die Südspitze von Südamerika.

Um dieses polare Minimum herum finden wir einen Ring mit höheren Ozonwerten, (gelbe Werte = mehr als 330 DU; hellbraune Werte = mehr als 390 DU; usw.), wie schon vorne für das ganze Jahr beschrieben wurde (s. Abb. 5.2). Daran schließt sich in grün und türkisblau das tropische Minimum an.

Wie schon mehrfach erwähnt wurde, bringen die „Final Warmings", die über der Antarktis etwa zwei Monate später als über der Arktis stattfinden, den Übergang von der Winter- zur Sommerzirkulation. Dabei werden der Polarwirbel und das Ozonminimum meist Richtung Südamerika oder in den Südatlantik gedrängt, wo sich beide langsam auflösen und ein Hoch südlich von Australien dringt zusammen mit dem Ozonmaximum, das in der Abb. 5.4 in allen Karten gut zu erkennen ist, polwärts, so daß dann viel Ozon aus den mittleren Breiten in die Antarktis transportiert wird. Ein Beispiel eines frühen „Final Warmings" zeigt die Abb. 5.6 für das Jahr 1988.

Man findet deshalb im Südsommer im Polargebiet fast normale Ozonwerte, da der Ozonabbau im Sommer nur gering ist (s. Kasten 5.3).

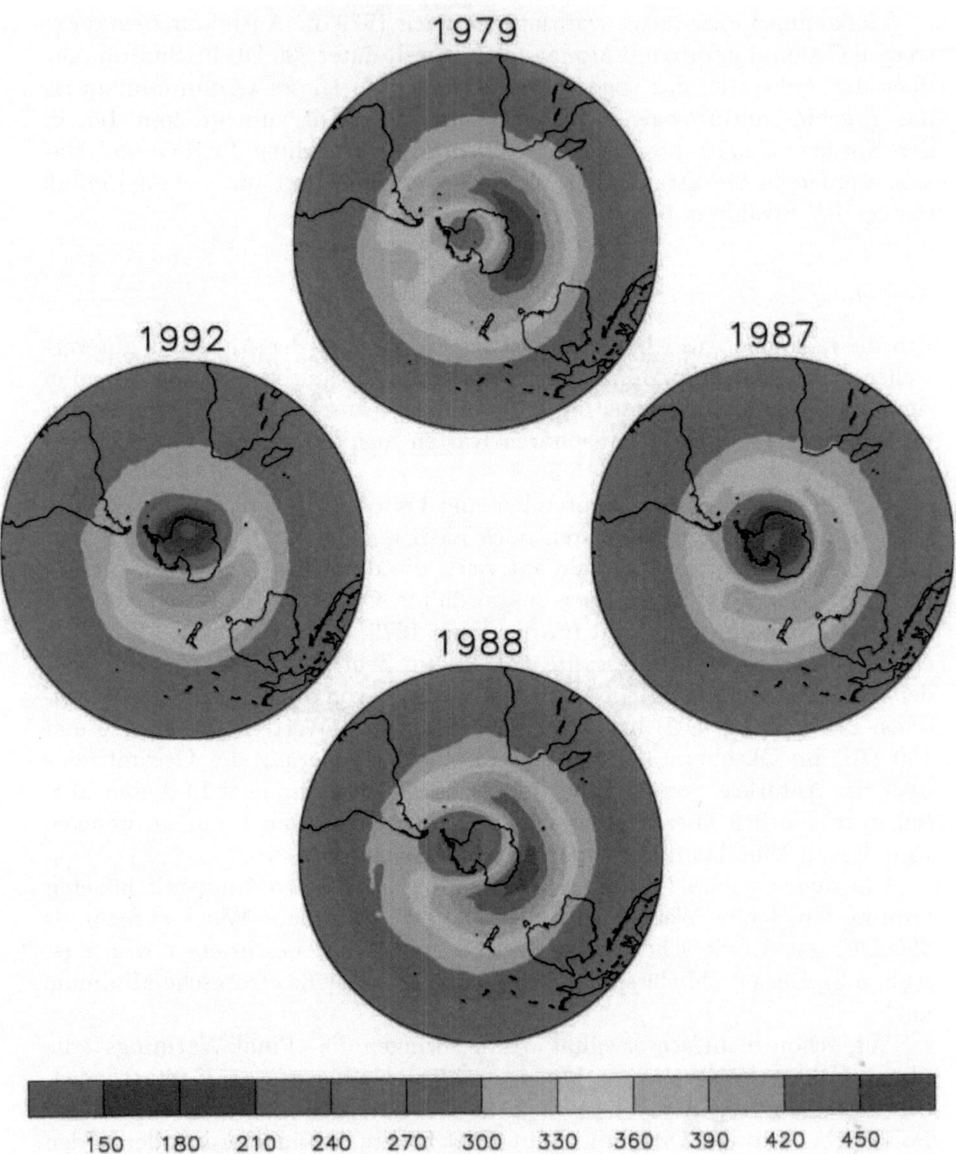

Abb. 5.4: Monatsmittelkarten des Gesamtozongehalts in Dobson-Einheiten (DU) auf der Südhemisphäre, für vier verschiedene Oktober. (Institut für Meteorologie, Freie Universität Berlin, aus TOMS–Daten der NASA)

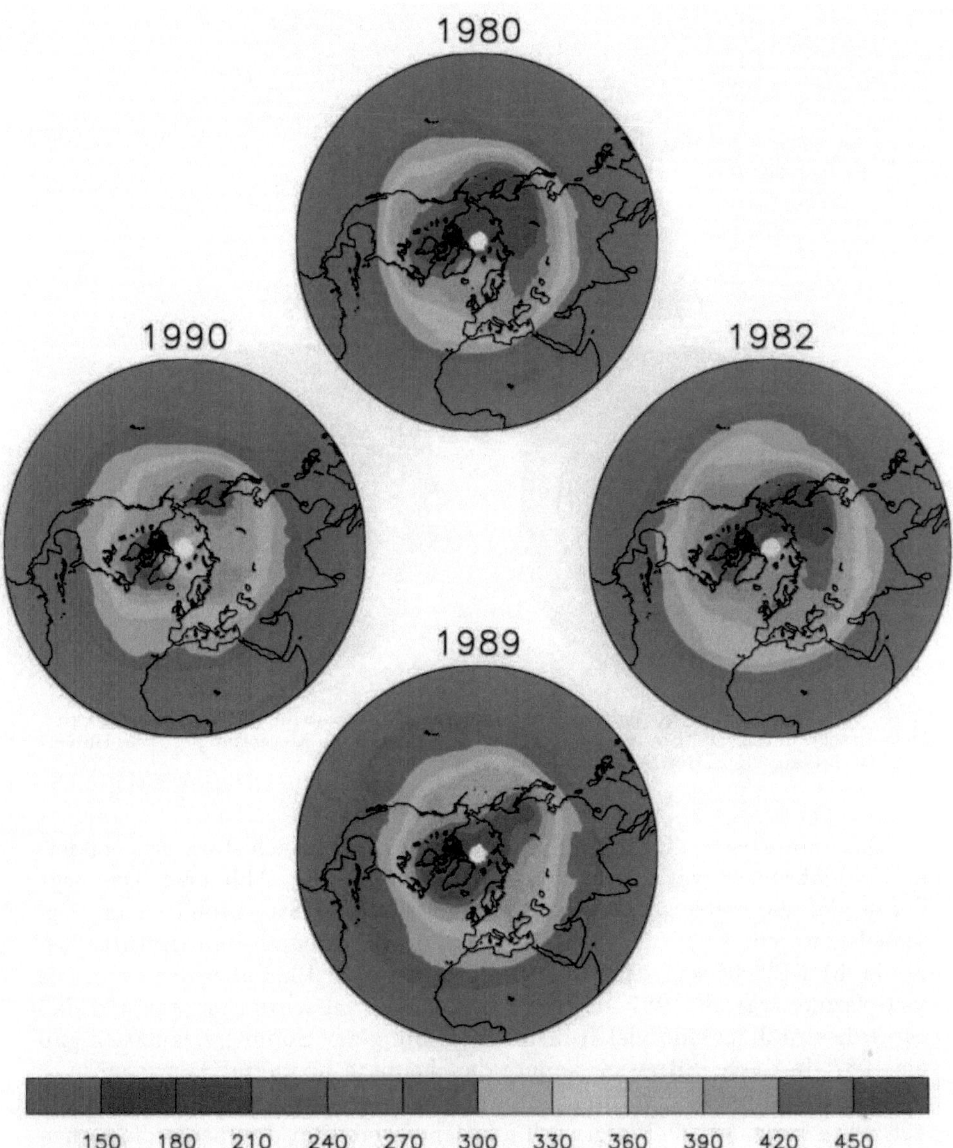

Abb. 5.5: Monatsmittelkarten des Gesamtozongehalts in Dobson-Einheiten (DU) auf der Nordhemisphäre, für vier verschiedene Märze. (Institut für Meteorologie, Freie Universität Berlin, aus TOMS–Daten der NASA)

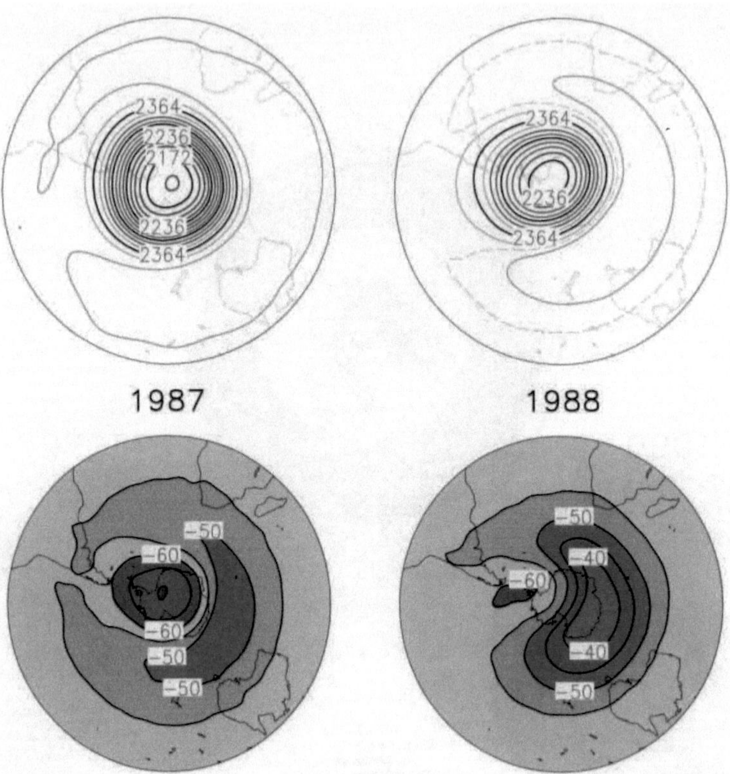

Abb. 5.6: Monatsmittelkarten für Oktober 1987 und 1988; oben: 30-hPa-Höhen (geopot. Dekameter), unten: 30-hPa-Temperaturen (°C). (Institut für Meteorologie, Freie Universität Berlin, aus NCEP/NCAR Neuanalysen)

Das antarktische „Ozonloch" ist nicht jedes Jahr gleich stark ausgebildet: im Frühjahr 1988 war es deutlich schwächer als 1987, Abb.+5.4. Das liegt daran, daß die meteorologischen Bedingungen in der Stratosphäre ganz verschieden waren, Abb. 5.6. Man sieht an den Höhen- und Temperaturkarten der 30-hPa-Fläche sehr deutlich, daß es im Oktober 1988 über der Antarktis viel wärmer war als 1987, daß der Polarwirbel viel schwächer war und daß es in diesem Jahr eine viel frühere Umstellung zur Sommerzirkulation gab als 1987. In dieser Situation konnte die chemisch bedingte Ozonzerstörung nicht so lange wie sonst wirken und das Minimum wurde nicht so tief wie 1987. Das bedeutet, daß man auch mit der Variabilität der meteorologischen Verhältnisse rechnen muß, und alle Zusammenhänge sind hier noch nicht geklärt.

Daß die Verhältnissse über der Arktis ganz anders sind, Abb. 5.5, wurde schon im Kapitel 3 ausführlich behandelt.

Heterogene Chemie bildet das „Ozonloch"

Die unter dem Einfluß starker UV-Strahlung photolysierten aggressiven Bruchstücke der FCKW, s. o., werden durch die vorherrschenden Windsysteme in die Polargebiete verfrachtet, und dort können sie unter bestimmten Bedingungen, die für eine längere Periode aber nur über der Antarktis im Spätwinter gegeben sind, das Ozon besonders drastisch zerstören, Abb. 5.7: In der Polarnacht, linker Teil der Abbildung 5.7, bilden sich bei besonders niedrigen Temperaturen (unter -80°C) in der Stratosphäre Wolken aus, die heutzutage „polare stratosphärische Wolken" (Polar Stratospheric Clouds (PSCs)) genannt werden, uns aber bereits als „Perlmutterwolken" bekannt sind (s. Kasten 5.2). Diese Wolken bestehen zum größten Teil aus gefrorenen Salpetersäuretröpfchen, (Box 1). An der Oberfläche dieser Eispartikel spielt sich eine sehr komplexe, „heterogene" Chemie ab, bei der das Chlor in Form von Cl_2 und $HOCl$ „aktiviert" wird, (Box 2).

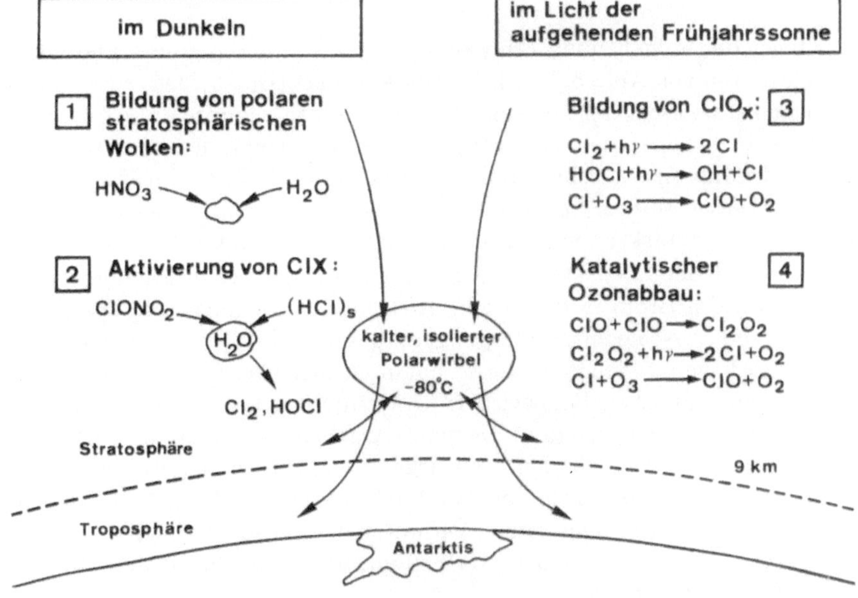

Abb. 5.7: Schematische Darstellung der Meteorologie und der Chemie des „Ozonlochs" über der Antarktis (Enquete–Kommission 1992)

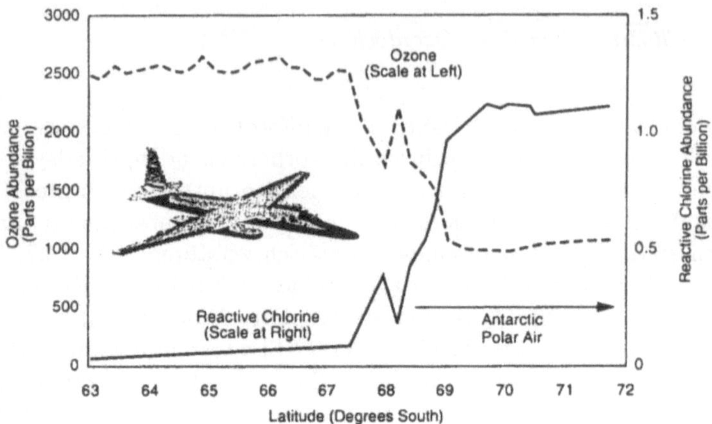

Abb. 5.8: Ozon- und ClO-Gehalt in der Stratosphäre im September 1987, auf einem Flug von Ushuaia nach Süden (NASA 1987)

Im Licht der aufgehenden Frühjahrssonne, also im September und Oktober (rechter Teil von Abb. 5.7), wird Chlor aktiviert (Box 3). Das entstehende ClO wirkt katalytisch, d.h., es kann weiterhin Ozon zerstören (Box 4), ohne deshalb selbst abzunehmen. Im Frühjahr sind die extrem niedrigen Temperaturen nur im Innern des sehr stabilen antarktischen Wirbels für längere Zeit zu finden. Dieser Wirbel beherrscht während des gesamten Südwinters die Zirkulation der antarktischen Stratosphäre, s. auch Kapitel 2.

Heute wird der oben skizzierte Ablauf einer gestörten Chemie, in der außer Chlor auch Brom in die gleiche Richtung wirkt, allgemein akzeptiert, denn während verschiedener Flugzeugkampagnen zur Erforschung der mit dem Ozonloch verbundenen Prozesse hat man den ClO-Gehalt der Luft im Innern des antarktischen Polarwirbels im Frühjahr gemessen. Im September 1987 starteten die Flugzeuge in Ushuaia/Argentinien (55°S) und flogen in großer Höhe (nahe 20 km) in den von starken Westwinden umgebenen Wirbel. Das Innere des Wirbels wurde bei etwa 69°S erreicht, und die Abb. 5.8 zeigt sehr deutlich das entgegengesetzte Verhalten von Ozon und ClO: während das ClO zum Innern des Wirbels stark zunimmt, entsprechend der Abb. 5.7, geht das Ozon stark zurück.

Das bedeutet, daß wir in den Monaten September bis November mit der Ausbildung eines sehr starken Ozonminimums über der Antarktis rechnen müssen, solange die Atmosphäre mit Chlor und ähnlichen Spurenstoffen belastet ist. Es darf dabei auch nicht vergessen werden, daß es sich hier um einen sich selbst verstärkenden Prozeß handelt, da sich die polare Stratosphäre bei vermindertem Ozongehalt nur langsam erwärmen kann, so daß die Bedingungen für die Ozonzerstörung, d.h., die niedrigen Temperaturen, länger bestehen bleiben.

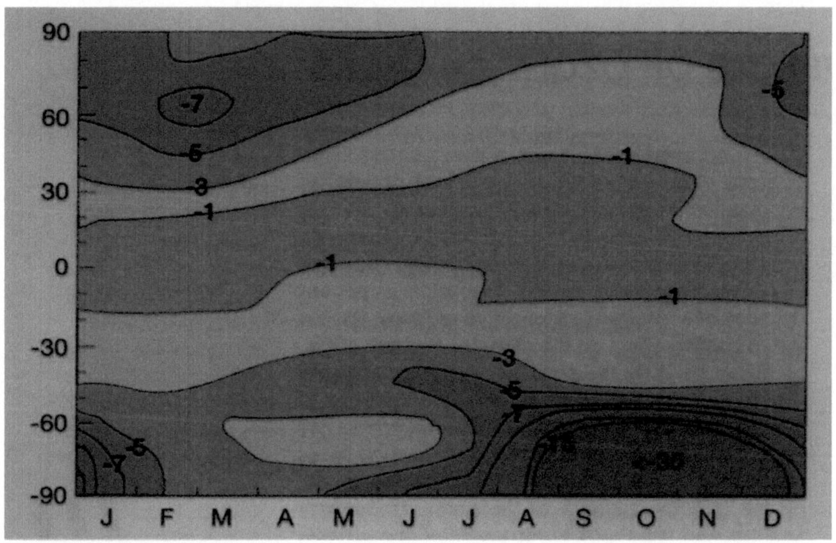

Abb. 5.9: Differenz (in Prozent) des Gesamtozongehalts zwischen den Perioden 1964–1980 und 1984–1993 (Bojkov 1995)

5.4.3 Trends im stratosphärischen Ozongehalt

Globale Verteilung des Ozontrends

Insgesamt hat das Ozon in der Stratosphäre in den letzten 20 Jahren um etwa 2–3% pro Dekade abgenommen (WMO 1992). Diese Abnahme ist aber räumlich und zeitlich sehr unterschiedlich. Das zeigt Abb. 5.9 sehr deutlich: Hier wurde die Differenz zwischen dem Ozon der noch verhältnismäßig ungestörten Periode von 1964–1980 zu der Periode von 1984–1993 gebildet. Diese Differenz wird von 90°N bis 90°S (linke Skala) gezeigt, im Jahresverlauf von Januar bis Dezember (untere Skala). Man erkennt deutlich, daß die Änderungen in den Tropen am kleinsten sind und weniger als 1% betragen. Das ist für diese Region sehr wichtig, da wir dort ja von Natur aus die höchste Sonnenbestrahlung und zugleich den niedrigsten Ozongehalt antreffen, so daß eine Abnahme des Ozons mit einer deutlichen Verstärkung der UV-B-Strahlung einher gehen würde.

Weiterhin erkennt man im Winter und Frühjahr in den hohen nördlichen Breiten eine Abnahme von bis zu 7%, die aber im Sommer, wenn sich die Menschen viel im Freien aufhalten und eine Zunahme der UV-B-Strahlung sehr unerwünscht wäre, auf sehr kleine Werte zurückgeht.

Auch auf der Südhemisphäre sind die Änderungen bis etwa 40 Grad Süd noch relativ gering, aber die enormen Änderungen im Bereich des antarktischen Ozonlochs während der Monate August bis Dezember, am stärksten während des südlichen Frühjahrs, sind unübersehbar.

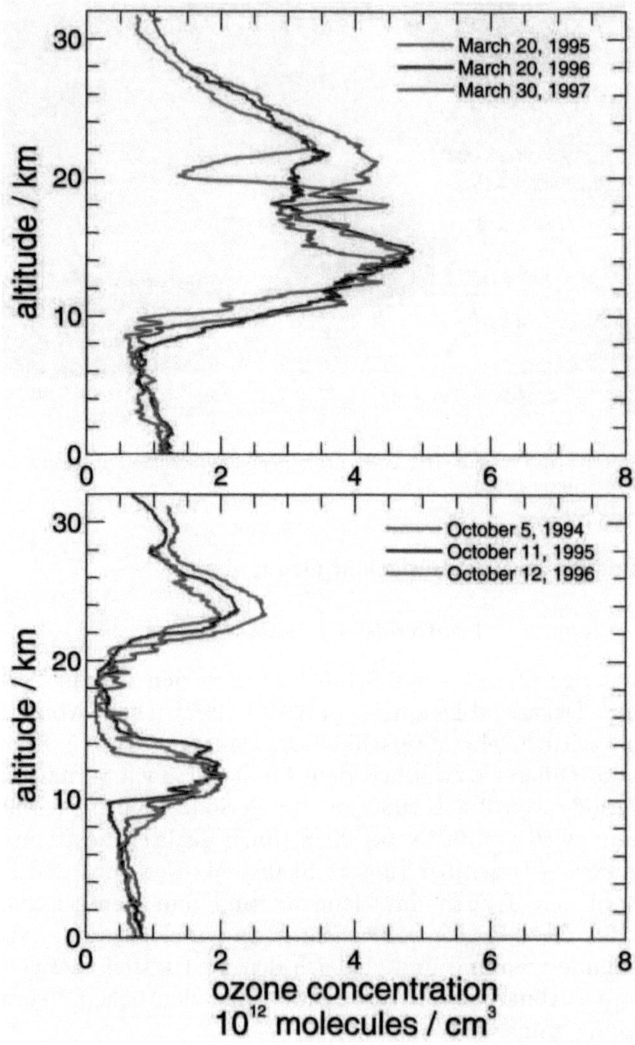

Abb. 5.10: Vergleich von Ozonsondenprofilen im Frühjahr unter ähnlichen meteorologischen Bedingungen; oben: Ny–Ålesund/Spitzbergen (78,9°N; 11,9°E) im März; unten: Neumayer Station (70,4°S; 8,2°W) im Oktober (Alfred– Wegener–Institut, Potsdam)

Ozontrend über der Arktis im Frühjahr

Wenn es auch über der Arktis bisher noch nicht zur Ausbildung eines „Ozonlochs" gekommen ist, weil die meteorologischen Verhältnisse ganz anders sind als über der Südhemisphäre (s. Kap. 2 u. 3), so ist die Atmosphäre doch auch über der Arktis sehr stark mit den FCKWs und den daraus entstehenden Chlorradikalen belastet und unter geeigneten Bedingungen, d.h. wenn die Temperaturen tief genug sind und sich polare stratosphärische Wolken ausbilden können, findet auch über der Arktis Ozonzerstörung statt.

In der Abb. 5.10 werden die Ergebnisse von 3 ausgewählten Ozonsonden über der Station Ny-Ålesund/Spitzbergen gezeigt, die in 3 Jahren jeweils Ende März unter vergleichbaren meteorologischen Bedingungen gemessen worden sind. Die deutlichen Minima um und unterhalb von 20 km weisen auf einen chemischen Abbau des Ozons hin. Die endgültige Entscheidung darüber, was hier natürliche Variabilität und was chemischer Abbau ist, ist sehr schwer zu treffen und wird z. Zt. in internationalen Meßkampagnen und Forschungsprogrammen untersucht.

Insgesamt war aber der Gesamtozongehalt an den drei Tagen immer noch verhältnismäßig hoch und betrug 1995 und 1996 300 DU, und am 30. März 1997 264 DU, wobei anzumerken ist, daß auch Werte um 200 DU durchaus im Rahmen der natürlichen Variabilität auftreten können.

Ganz anders sind die Verhältnisse über der Antarktis, wie man hier an den Profilen über der deutschen Station Neumayer erkennt: Hier wurde das Ozon in der Schicht zwischen 12 und 23 km fast völlig zerstört! Die Werte des Gesamtozons lagen an diesen Oktobertagen deshalb nur bei Werten zwischen 150 und 125 DU.

Ozontrend über der Arktis im Jahresmittel

In den mittleren und höheren nördlichen Breiten wird eine Trendanalyse durch die bereits beschriebene große Variabilität besonders erschwert. Darum ist es für eine Trendanalyse sehr zu empfehlen, möglichst lange Datenreihen zu betrachten. Wie schon vorne diskutiert wurde, wird das Ozon über Tromsö schon seit 1935 mit großer Sorgfalt gemessen. Die *Jahresmittel* dieser langen Reihe sollen hier betrachtet werden. Die frühen Messungen von 1935–1969 wurden von Bojkov (1988) „normalisiert", und alle Jahresmittel sind als Abweichung (in %) vom Mittelwert in der Abb. 5.11 dargestellt (Henriksen et al. 1992). Die Variabilität von Jahr zu Jahr ist, wie immer in der arktischen Stratosphäre, außerordentlich groß, was mit den verschiedenen meteorologischen Bedingungen, wie der QBO, den Vulkaneruptionen und der Sonnenaktivität zusammenhängt. In den Jahresmitteln bis 1989 kann jedenfalls von einem negativen Ozontrend über Tromsö keine Rede sein. Neuere Daten liegen leider nicht vor.

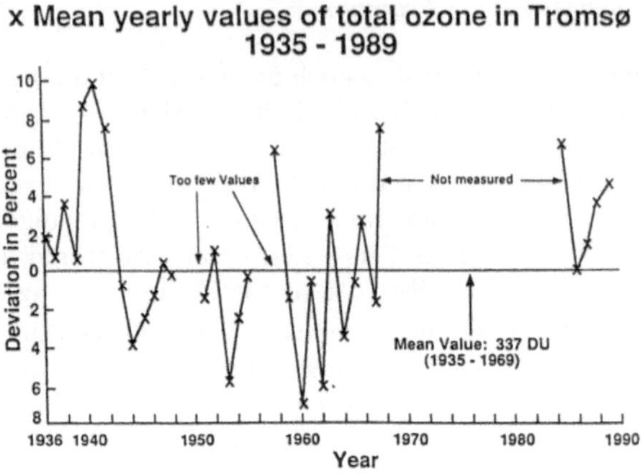

Abb. 5.11: Abweichungen der Jahresmittel (in %) des Gesamtozongehalts über Tromsö vom Mittel der Periode 1935–1969 (Henriksen et al. 1992)

Ozontrend über Deutschland

In Deutschland wird der Gesamtozongehalt an den Meteorologischen Observatorien des Deutschen Wetterdienstes in Potsdam (Brandenburg) und am Hohenpeißenberg (Bayern) regelmäßig gemessen, und außerdem werden am Hohenpeißenberg und in Lindenberg (bei Berlin) regelmäßig Ozonsonden geflogen, um die vertikale Ozonverteilung zu bestimmen. An Hand dieser Daten kann man die Änderungen des Ozons über Deutschland gut erkennen: Zunächst ist in Abb. 5.12 der gegenläufige Trend der Jahresmittel des stratosphärischen und des troposphärischen Ozons dargestellt. Während das Ozon in der Stratosphäre abnimmt, nimmt es in der Troposphäre zu — ein allgemein als „Sommersmog" bekanntes Problem der Luftverschmutzung, das auch keineswegs beim Problem des Verlusts des stratosphärischen Ozons helfen kann, denn es gilt leider:

oben zuwenig — unten zuviel

In der Mitte der Abb. 5.12 ist der Trend der Jahresmittel des Totalozons am Hohenpeißenberg ab 1968 dargestellt. Bis 1982 hat sich der Ozongehalt eigentlich nicht geändert, wenn man die Wirkung des 11jährigen Sonnenfleckenzyklus berücksichtigt. Die sprunghafte Abnahme im Jahr 1983 hängt wahrscheinlich mit der Zunahme des stratosphärischen Aerosols nach dem Ausbruch des El Chichons zusammen, genau wie die sehr niedrigen Ozonwerte 1992 und 1993 dem Ausbruch des Pinatubo zugeordnet werden, da die heterogenen, ozonzerstörenden Prozesse auch an den nach Vulkaneruptionen vermehrten Aerosoltröpfchen ablaufen (Solomon et al.1996).

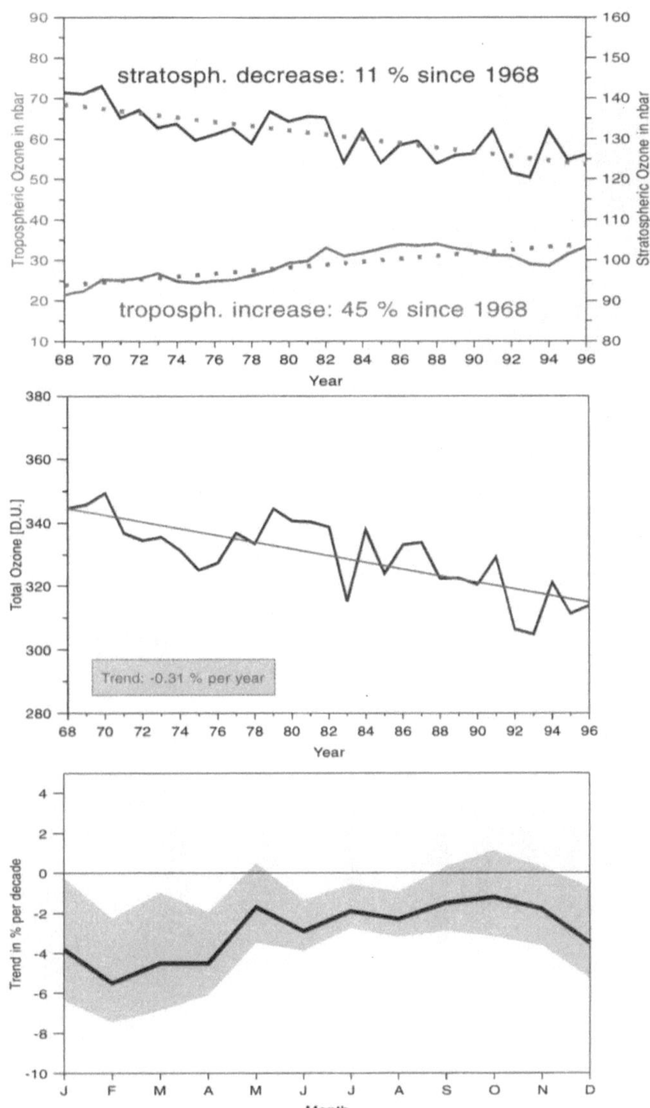

Abb. 5.12: Trend des Ozons am Hohenpeißenberg ab 1968; oben: Vergleich zwischen der Abnahme des Ozons in der Stratosphäre und Zunahme des Ozons in der Troposphäre; Mitte: Trend des Gesamtozons in % pro Jahr; unten: Jahresgang des Trends des Gesamtozons in % pro Dekade (Claude 1996, ergänzt)

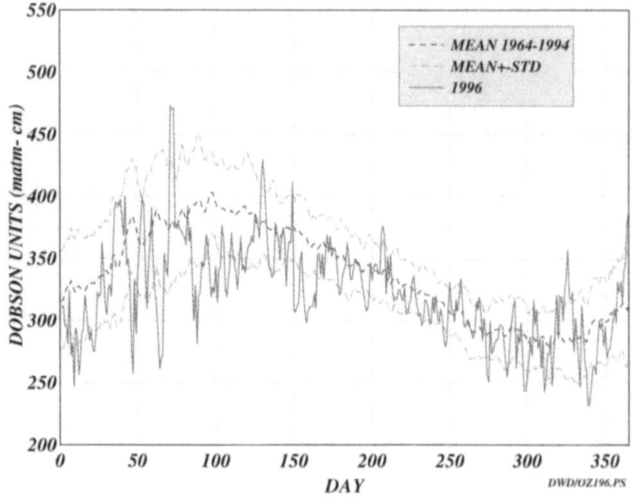

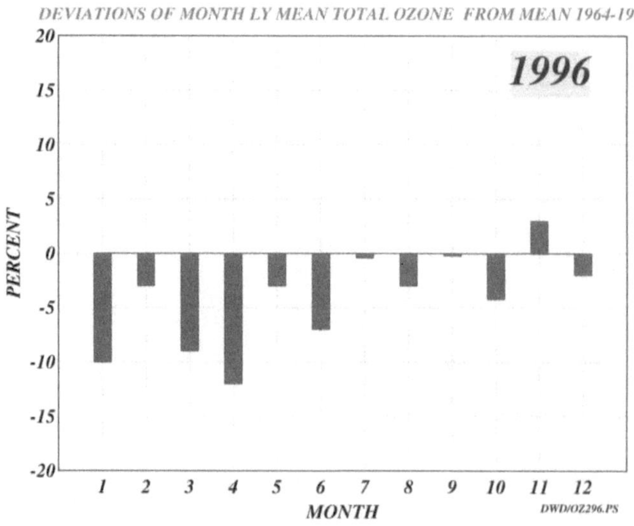

Abb. 5.13: oben: Tägliche Werte des Gesamtozongehalts (DU) am Observatorium Potsdam für das Jahr 1996, mit dem Mittel der Periode 1964–1994 und einer Standardabweichung in beiden Richtungen; unten: Abweichungen der Monatsmittel vom langjährigen
Mittel in Prozent (Feister 1997, persönliche Mitteilung)

Das letzte Solarmaximum war 1991 und vergleicht man nun die drei Maxima 1968, 1980 und 1991, dann erkennt man doch einen negativen Trend, dem der 11jährige Sonnenfleckenzyklus überlagert ist. Insgesamt wird der Trend mit 3% pro Dekade angegeben, und dieser Wert stimmt mit dem globalen Wert überein.

Im unteren Teil der Abbildung wird gezeigt, daß die Abnahme des Gesamtozons im Winter und Frühjahr bei uns am stärksten ist, im Sommer und Herbst dagegen deutlich geringer.

Betrachtet man nun die täglichen Beobachtungen in Potsdam für das Jahr 1996, oberer Teil der Abb. 5.13, dann erstaunt einen zuerst wieder die große *natürliche* Variabilität von Tag zu Tag, die schon vorne diskutiert worden ist und die allein von den meteorologischen Bedingungen abhängt. Die Natur ist also an Perioden mit viel und mit wenig Ozon gewöhnt. In der Abbildung ist auch das langjährige Mittel (1964–1994) und die Streuung (1 Standardabweichung in beiden Richtungen) eingezeichnet, und man sieht daran ebenfalls, daß die natürliche Variabilität im Winter und Frühjahr sehr groß ist. Im unteren Teil der Abbildung sind für die einzelnen Monate des Jahres 1996 die Abweichungen in Prozent vom langjährigen Mittel der Periode 1964–1994 angegeben und es wird deutlich, daß die Abweichungen besonders im Sommer und Herbst klein und vollkommen im Rahmen der natürlichen Variabilität sind. Nur im April 1996 entspricht die Abweichung von 12% etwas mehr als 2 Standardabweichungen.

Das Ozonloch: Ist die Chemie die einzige Schuldige? (Kasten 5.3)

Das markante Ozondefizit während des antarktischen Frühjahrs ist nicht das Ergebnis eines **allmählichen** Abwärtstrends. Bis 1979 waren die Abweichungen des Ozons von einem 20jährigen Mittel im Sommer und Frühjahr gleich, s. Abbildung, und in beiden Jahreszeiten kann man einen schwachen Trend erkennen. Seit 1979 gehen die Kurven auseinander: der Trend wird im Frühjahr immer stärker und es entwickelt sich das sogenannte „Ozonloch".
Warum tritt diese **abrupte** Abnahme des Ozons gerade nach 1979 auf? Erreichte der Chlorgehalt plötzlich einen kritischen Grenzwert, oder waren noch andere Faktoren beteiligt, zusätzlich zur Chemie?
Möglicherweise! Hurrell und van Loon (1994) vom National Center for Atmospheric Research (NCAR) in Colorado/USA bearbeiten seit langem die Variabilität der atmosphärischen Zirkulation über der Südhemisphäre. Sie stellten fest, daß sich in der Troposphäre der Jahresgang der Zirkulation über den subpolaren Gebieten nach 1979 plötzlich geändert hat. Vorher erreichten die Westwinde in der Subantarktis

Fortsetzung Kasten 5.3

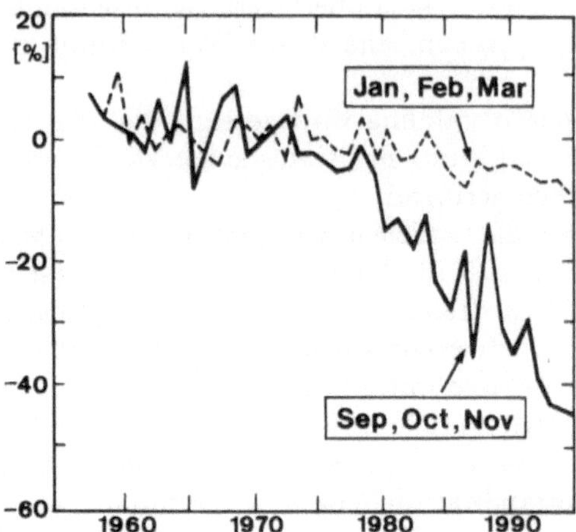

Abweichungen des Totalozons im Frühjahr und Sommer vom Mittel
der Jahre 1957 bis 1978, über den antarktischen Stationen
Faraday, Syowa, Halley Bay und Südpol (WMO Bulletin 1994)

ihre maximale Intensität in den Übergangsjahreszeiten, besonders im
frühen Frühjahr. Der Wirbel schwächte sich ab und erwärmte sich nach
dem September, nicht nur in der Tropo- sondern auch in der unteren
Stratosphäre (100 hPa–50 hPa), die eng mit der Troposphäre verbunden
ist. Nach 1979 wurde der Wirbel im frühen Frühjahr zwar schwächer,
nahm dafür aber im November und teilweise auch erst im Dezember an
Intensität zu. D.h., daß heute der winterliche Polarwirbel der unteren
Stratosphäre mit seinen niedrigen Temperaturen noch erhalten bleibt,
wenn die Sonne schon lange zurückgekehrt ist, so daß die zur Ozonzerstörung geeigneten Verhältnisse ebenfalls länger vorhanden sind. Und
eine Ozonabnahme ist mit einer positiven Rückkoppelung zur Temperatur verbunden: diese bleibt ebenfalls noch lange niedrig, bis ein „Final
Warming" den Übergang zum Sommer bringt.
Die Frage lautet: Ist die Änderung in der troposphärischen Zirkulation,
die das „Final Warming" um ein bis zwei Monate nach hinten verschoben
hat, eine notwendige Bedingung, daß die chemischen Prozesse in voller
Stärke ablaufen können, oder funktioniert die Chemie unabhängig von
der Änderung in der Zirkulation?
Zum heutigen Zeitpunkt (1997) hat der Jahresgang über dem Süd-
Pazifik noch nicht wieder den Zustand von vor 1979 erreicht. Wir kennen
keinen Grund für die Änderung des Jahresganges nach 1979, und man
kann nur vermuten, daß ein Zusammenhang zum gleichzeitigen Anstieg
der Luft- und Wassertemperaturen in den Tropen besteht.

Entdeckung bleibt unbeachtet! (Kasten 5.4)

1984 berichtete der Japaner S.Chubachi auf einer Tagung der Ozon-Kommission in Griechenland über extrem niedrige Werte des Gesamtozons (unter 200 DU) während des antarktischen Frühjahrs im Oktober 1982 über der japanischen Station Syowa (69°S; 40°E). Aber wiedereinmal wurde einer wichtigen Beobachtung nicht geglaubt, da immer noch die Meinung vorherrschte, daß die niedrigsten Ozonwerte in den Tropen anzutreffen sind. Und alle Berechnungen einer möglichen anthropogenen Reduzierung des Ozons waren von mittleren Temperaturverhältnissen und einer „normalen" Gasphasen-Photochemie ausgegangen, wie sie im Kasten 5.1 „Bildung und Zerstörung von Ozon"dargestellt wurde. Damit konnte diese extreme anthropogene Veränderung nicht vorhergesagt werden.

Bei der NASA wurde seit November 1978 regelmäßig vom Satelliten aus der Ozongehalt über der Erde gemessen. Aber den zuständigen Wissenschaftlern war das Ozonloch nicht aufgefallen, weil die Auswertung so programmiert worden war, daß die auffallend niedrigen Werte im Polargebiet als Fehler abgespeichert wurden. So wurden Wissenschaftler des British Antarctic Survey die ersten, deren Veröffentlichung als Sensation aufgenommen wurde: Farman, Gardiner und Skanklin zeigten (1985) an Hand von Messungen mit dem von Dobson (!) für das IGY in Halley Bay stationierten Dobson-Spektrometer, daß der Ozongehalt über Halley Bay (75°S; 27°W), wo man diesen seit dem IGY, also seit 1957/58 regelmäßig gemessen hatte, in den letzten Jahren besonders im Oktober drastisch abgenommen hatte.

An diesem Beispiel werden wieder einmal verschiedene Fakten deutlich:

- In einem so komplexen System wie die Atmosphäre sind langjährige sorgfältige Beobachtungen die Grundlage für alle Untersuchungen möglicher globaler Veränderungen. Wie man sieht, kann man oft vorher gar nicht wissen, welche Messungen die ausschlaggebenden sein werden.

- Wenn man nicht offen bleibt gegenüber unerwarteten Messungen, Beobachtungen und Ergebnissen, dann kann man wenig Fortschritt erwarten.

- Modelle können nicht alles vorhersagen!

5.4.4   Maßnahmen zur Reduktion des Chlorgehalts

Eine Abnahme des stratosphärischen Ozons erhöht für viele Regionen der Erde die gefährliche UV-B-Strahlung, sie ist daher eine große Gefahr für die Menschheit, alle Landlebewesen und das Plankton. Die Völkergemeinschaft hat diese Gefahr erkannt und ein Übereinkommen zum Schutz der Ozonschicht getroffen:

Geschichte des Übereinkommens zum Schutze der Ozonschicht

- März 1985: Unterzeichnung des „Übereinkommen zum Schutz der Ozonschicht" in Wien durch 21 Staaten (einschließlich der Bundesrepublik). Es trat am 1. August 1988 in Kraft. Bis Juli 1996 hatten 158 Staaten das Protokoll ratifiziert.

- Mai 1985: Wissenschaftliche Publikationen belegen erstmals die Existenz des antarktischen Ozonlochs.

- September 1987: Unterzeichnung des „Montrealer Protokoll über Stoffe, die zu einem Abbau der Ozonschicht führen" als Folgevereinbarung. Es trat am 1. Januar 1989 in Kraft. Bis zum Juli 1996 hatten es 156 Staaten ratifiziert. Das Montreal Protokoll wird durch Überprüfung der Kontrollmaßnahmen anhand wissenschaftlicher, umweltrelevanter, technischer und wirtschaftlicher Informationen laufend fortentwickelt. So wurde auf mehreren Konferenzen der Vertragsstaaten ein beschleunigter Ausstieg aus Produktion und Verbrauch von FCKW und anderen ozonschädigenden Stoffen empfohlen. Neue ozonschädigende Stoffe wurden in die Reduktionsverpflichtungen einbezogen.

- In bisher 7 jährlich abgehaltenen Vertragsstaatenkonferenzen (Helsinki 1989, London 1990, Nairobi 1991, Kopenhagen 1992, Bangkok 1993, Nairobi 1994 und Wien 1995) wurde das Montreal Protokoll fortlaufend verschärft. Es wurden Ausstiegstermine für Produktion und Verbrauch ozonschädigender Stoffe festgelegt und teilweise vorgezogen. Zur Unterstützung der Entwicklungsländer bei der Umsetzung des Montreal Protokolls wurde ein multilateraler „ozone fund" eingerichtet, der 1995–1996 510 Mill. US-$ umfaßt (WBGU 1996).

In Deutschland wird seit 1995 kein FCKW mehr produziert und der Verbrauch von FCKW ist ab 1998 (mit wenigen Ausnahmen) verboten. Ersatzstoffe sind meist Mischungen zwischen FKW, die aber auch Treibhausgase sind, und H-FCKW, die immer noch ein „Ozonzerstörungspotential (ozone depleting potential, ODP)" besitzen. Auch diese sind nur für den Übergang erlaubt und werden ab 2004 stufenweise reduziert werden. Man sucht nun gezielt nach solchen Stoffen, die eine kurze Lebensdauer in der Atmosphäre

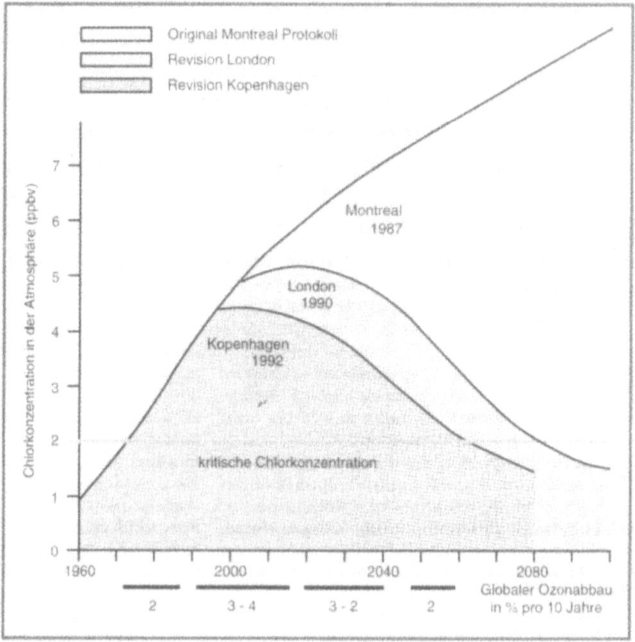

Abb. 5.14: Entwicklung (seit 1960) und Prognosen (bis 2100) der atmosphärischen Chlorkonzentrationen (ppbv) gemäß den zunehmend verschärften internationalen Abkommen sowie globale Ozonabbauraten (unterste Zeile) pro Dekade bei Einhaltung des verschärften Montreal Protokolls (Bojkov 1995)

haben, dadurch gar nicht erst in die Stratosphäre gelangen und so nur ein geringes oder gar kein Ozonzerstörungspotential haben.

In Deutschland gelang technologisch ein Erfolg mit dem Einsatz von Kohlenwasserstoffen (KW), (z. B. Isobutan), als Kühlmittel für Haushalts-Kühlschränke. Da die Kohlenwasserstoffe weder Ozonzerstörungspotential besitzen noch Treibhausgase sind, eignen sie sich besonders gut als Ersatzstoff. Da sie aber brennbar sind, besteht wegen der möglichen Explosionsgefahr international noch einige Skepsis, die aber langsam abgebaut werden konnte. In mehreren Ländern der Dritten Welt werden die KW als Kühlmittel und zur Herstellung von Isolierschäumen bei der Produktion von Kühlschränken benutzt. Diese Ersatzstoffe sind sogar billiger in der Herstellung und effizienter im Stromverbrauch im Vergleich zur FCKW-Kühlung.

In der Abbildung 5.14 wird deutlich, wie langsam die Atmosphäre auf noch so strikte Maßnahmen reagieren wird: Selbst wenn alle Völker die in Kopenhagen (1992) und Wien (1995) beschlossenen Maßnahmen zur Reduktion ozonzerstörender Stoffe durchführen, wird es bis in die Mitte des nächsten Jahrhunderts dauernd, bis der für die Zerstörung des Ozons verantwortliche

Chlorgehalt (inklusive anderer Halone) wieder auf einen Wert von etwa 2 sinken wird. Dieser Wert gilt als kritisch für den Beginn bzw. das Ende der Entwicklung eines „Ozonlochs". Die Abbildung zeigt auch, daß der Chlorgehalt der Atmosphäre ohne das Montreal Protokoll bis in die Mitte des nächsten Jahrhunderts wesentlich stärker angestiegen und der Ozonabbau entsprechend stärker gewesen wäre. Man erkennt hier sehr gut, daß internationale Vereinbarungen doch zu wichtigen Ergebnissen führen können.

Für die Industrienationen bleibt die Aufgabe, den Ländern in der Dritten Welt bei der Umstellung auf Ersatzstoffe zu helfen, um sie beim Einhalten der Protokolle zu unterstützen.

Literatur

Arctowskiy H. (1902): Nuages lumineux et nuages irises. Ciel et terre, 1 Mars, 17–21.

Bojkov R.D. (1988): Ozone variations in the northern polar region. Meteorol. Atmos. Phys., **38**, 117.

Bojkov R.D. (1995): The changing ozone layer. Genf, WMO und UNEP.

Chapman S. (1930): A theory of upper atmospheric ozone. Mem.R.Soc., **3**, 103.

Chubachi S. (1984): Preliminary results of ozone observation at Syowa Station, Antarctica, from February 1982 to January 1983. Memoirs of National Institute of Polar Research Special Issue No.34: Proceedings of the Sixth Symposium on Polar Meteorology and Glaciology, Tokyo, December 1984.

Claude H. (1996): Ergebnisse der Ozonforschung am Meteorologischen Observatorium Hohenpeißenberg. In: Promet, **25**, 116–125. (Ed.: Winkler), Deutscher Wetterdienst.

Cornu A. (1879): Sur la limite ultraviolette du spectre solaire. Comptes Rendus **88**, 1101.

Dieterichs H. (1950): Zur Entstehung der Perlmutterwolken. Berichte des Deutschen Wetterdienstes in der US–Zone, **12**, 86–91.

Dobson G.M.B. (1930): The ozone in the earths atmosphere. Beiträge z. Physik d. freien Atmosph., **16**, 76–85.

Dobson G.M.B. (1963): Exploring the atmosphere. Clarendon Press, London.

Dütsch H.-U. (1946): Photochemische Theorie des atmosphärischen Ozons unter Berücksichtigung von Nichtgleichgewichtzuständen und Luftbewegungen. Dissertation, Zürich.

Enquete–Kommission „Schutz der Erdatmosphäre" des Deutschen Bundestages (Hrsg) (1992): Klimaänderung gefährdet globale Entwicklung. Economica Verlag, Bonn.

Fabian P. (1992): Atmosphäre und Umwelt. Vierte Aufl., Springer, Berlin Heidelberg.

Farman J.C., B.G.Gardiner, Skanklin J.D. (1985): Large losses of total ozone in Antarctica reveal seasonal ClO_x/NO_x interaction. Nature 315, 207.

Godson W.L. (1963): A comparison of middle-stratosphere behaviour in the Arctic and Antarctic, with special reference to Final Warmings. Symposium on Stratospheric and Mesospheric Circulation, Berlin 1962. Met.Abh.FU–Berlin, Band XXXVI, 161–206.

Götz F.W.P. (1931): Das atmosphärische Ozon. Ergebnisse der Kosmischen Physik, Bd.1.Gerlands Beiträge zur Geophysik, 1.Supplementband.

Hartley W.N., (1880): On the probable absorption of the solar ray by atmospheric ozone. Chemical News, 42, 268.

Henriksen K., Svenöe T., Larsen S.H.H. (1992): On the stability of the ozone layer at Tromsö. J.Atm.Terr.Phys., 54,1113–1117.

Hurrell J.W., van Loon H. (1994): A modulation of the atmospheric annual cycle in the Southern Hemisphere. Tellus, 46A, 325–338.

IPCC–Intergovernmental Panel on Climate Change (1994): Radiative forcing of climate change. Summary for Policymakers. Genf, WMO und UNEP.

Mohn H. (1893): Irisirende Wolken, Meteorol.Zeitschrift, 10, 81–97.

Labitzke K. (1995): Meteorologische Aspekte des Ozonproblems. In: Umwelt Global – Veränderungen, Probleme, Lösungsansätze (Eds. Jänicke et al.), 31–46, Springer, Berlin Heidelberg.

Langlo K. (1952): On the amount of atmospheric ozone and its relation to meteorological conditions. Geof.Publ.XVIII, 5–42.

Solomon S., Portmann R.W., Garcia R.R., Thomason L.W., Poole L.R., Mc Cormick M.P. (1996): The role of aerosol variations in anthropogenic ozone depletion at northern midlatitudes. J.Geophys. Res., 101, 6713–6727.

Stanford J.L., Davis J.S. (1974): A century of stratospheric clouds reports: 1870–1972. Bull.Am.Met.Soc., 55, 213–219.

Störmer C. (1929): Remarkable clouds at high altitudes. Nature, 123, 260–261.

Störmer C. (1931): Höhe und Farbenverteilung der Perlmutterwolken. Geof. Publ. IX, 3–27.

Wigand A. (1913): Das ultraviolette Ende des Sonnenspektrums in verschiedenen Höhen bis 9000m. Verh.Deutsche Physikalische Gesellschaft, 15, 1090.

WBGU– Wissenschaftlicher Beirat der Bundesregierung für Globale Umweltveränderungen (1996): Welt im Wandel: Wege zur Lösung globaler Umweltprobleme, Jahresgutachten 1995. Springer, Berlin Heidelberg.

WMO–World Meteorological Organisation (1992): Scientific assessment of ozone depletion. WMO Global Ozone Research and Monitoring Project, Report No.25; WMO No.778.

WMO–World Meteorological Organisation (1994): Scientific assessment of ozone depletion. WMO Global Ozone Research and Monitoring Project, Report No.37.

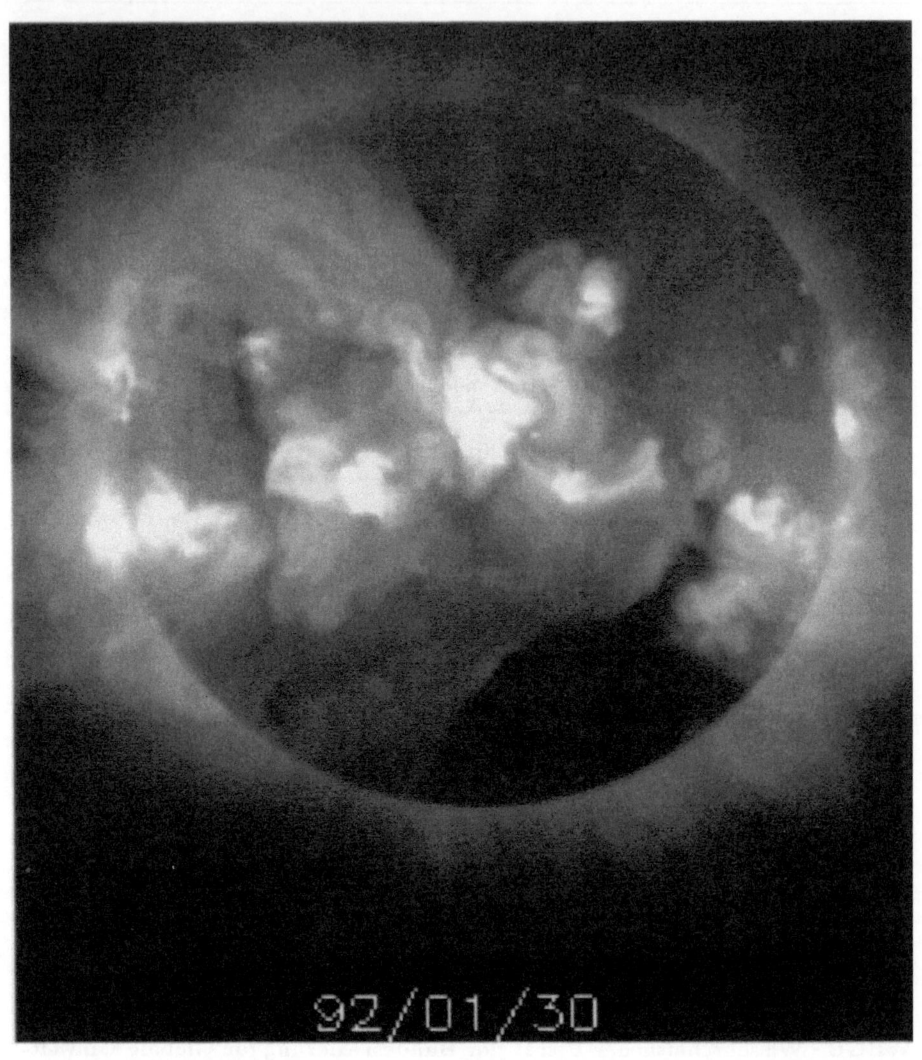
92/01/30

6 Der 11jährige Sonnenfleckenzyklus und die Stratosphäre

6.1 Einleitung

Die Sorge und die Unsicherheiten bezüglich der Frage nach einem möglichen Einfluß des Menschen auf das Klima der Erde haben in den letzten Jahren zu einem erneuten Interesse an der Sonne geführt: spielt die Sonne bei der Variabilität des Klimas eine Rolle, und falls so, welchen Anteil kann sie an den beobachteten Änderungen haben?

Die Forschung zu diesem Problemkreis wird überwiegend von Physikern durchgeführt, die sich mit der Sonne, dem interplanetaren Raum und der oberen Atmosphäre der Erde befassen, und nicht von Meteorologen, die sich diesem Thema mit gewohnheitsmäßiger Skepsis nähern. Ihre Skepsis beruht auf der Tatsache, daß man mit dem heute zur Verfügung stehenden Wissen (noch) nicht zu erklären vermag, wie die Änderung der Strahlung von der Sonne die Troposphäre beeinflussen kann, insbesondere, da man mit Satellitenmessungen seit 1979 festgestellt hat, daß die Gesamtstrahlung der Sonne, die sogenannte Solarkonstante, innerhalb des 11jährigen Sonnenfleckenzyklus (SFZ) z.Zt. nur um 0,1% vom Maximum zum Minimum schwankt. Es ist richtig, daß der *rein strahlungsbedingte Effekt* einer so geringen Änderung der *Gesamtstrahlung* auf die Troposphäre wirklich sehr klein ist. Die Änderungen in der Ausstrahlung von der Sonne sind aber nicht gleichmäßig über das Spektrum der Sonne verteilt: im ultravioletten Bereich, nahe 200 nm, dem für die Ozonbildung wichtigen Strahlungsbereich, beträgt der Unterschied zwischen den Extremen des SFZ 6–8%. Das ist genug, um Ozonänderungen und damit Temperatur- und Windänderungen in der Stratosphäre zu verursachen, die dann eine Rückkoppelung auf die allgemeine Zirkulation der Troposphäre haben können. Dies wurde von Haigh 1996 zum ersten Mal in einem Modell gezeigt, und heute arbeiten mehrere Gruppen an diesem Problem (s. Kap. 6.5).

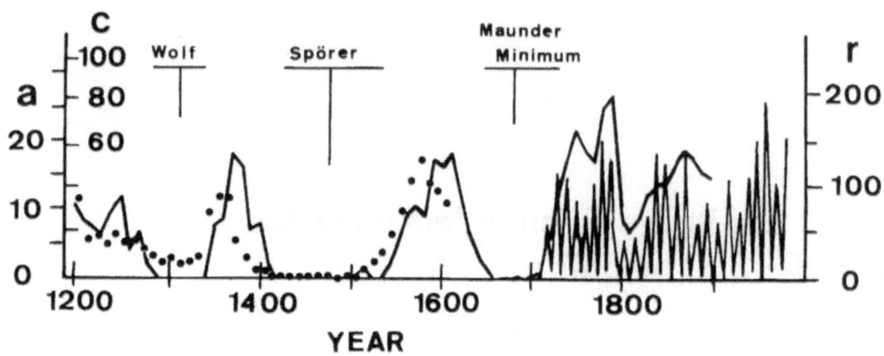

Abb. 6.1: Drei Parameter, die die Sonnenaktivität seit dem Jahr 1200 beschreiben: r = der seit 1650 beobachtete 11jährige Sonnenfleckenzyklus, Jahresmittel (rechte Skala); C = aus ^{14}C–Daten entwickelte „Ersatz–Sonnenaktivität" ab 1200, (linke Skala); a = Auftreten von Polarlichtern (Punkte, Beobachtungen pro Dekade bis 1600, linke Skala, außen (nach Eddy 1976))

Klimaänderungen und Sonne: gibt es einen Zusammenhang?

Einigermaßen regelmäßige Beobachtungen der Sonnenflecken liegen erst seit etwa 1650 vor, als man in Europa die Sonnenflecken mit dem Teleskop entdeckte. Daß es sich dabei um einen quasi 11jährigen Zyklus handelt, bemerkte Schwabe 1843. Diesen Zyklus zeigt der rechte Teil der Abb. 6.1.

Um die Sonnenaktivität seit dem Jahre 1200 abzuschätzen, benutzt man Ergebnisse aus Baumring- und Eisbohrkernanalysen. Man mißt Isotope, die durch die sogenannte „Kosmische Strahlung" entstehen, welche wiederum mit der Aktivität der Sonne negativ korreliert ist, d.h. mehr „Kosmische Strahlung" im Solarminimum als im Maximum. Kohlenstoff 14 (^{14}C) findet man in organischem Material, z. B. in den Bäumen, und das Beryllium 10 (^{10}Be) in den Eisbohrkernen. Die ^{14}C-Werte (Stuiver u. Braziunas, 1993) werden als „Ersatz" (Proxy) für die Sonnenflecken verwendet (linker Teil der Abbildung) und während der 250 Jahre, in denen sich die Kurven überschneiden, erkennt man, daß die ^{14}C-Werte praktisch als „Umhüllende" des 11jährigen Zyklus interpretiert werden können.

Ein weiteres Maß für die Sonnenaktivität ist das Auftreten von Polarlichtern, welches mit kleinen Punkten in die Abbildung eingetragen wurde. Was man an diesen Informationen über die Sonnenaktivität der letzten 800 Jahre deutlich erkennt, ist die Tatsache, daß diese nicht gleichmäßig ist! Man erkennt Schwankungen und deutlich Perioden mit sehr geringer Aktivität. 3 Minima wurden explizit benannt: Wolf-, Spoerer- und Maunder-Minimum.

Eine Analyse des Staubes in den Eisbohrkernen auf dem Inlandeis von Grönland (Ram et al., 1997) ergibt sogar einen deutlichen 11jährigen Zyklus für den gesamten Zeitraum der letzten 100 000 Jahre, wobei die Länge der

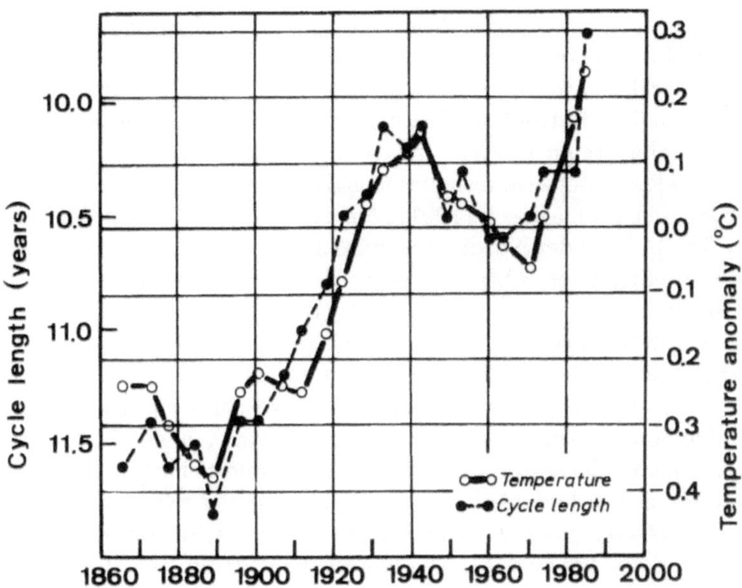

Abb. 6.2: Zusammenhang zwischen der Länge des Sonnenfleckenzyklus (linke Skala) und Temperaturanomalien auf der Nordhemisphäre (rechte Skala) seit 1865 (nach Friis-Christensen und Lassen 1991)

Zyklen zwischen 10 und 12 Jahren schwankt (vgl. Abb. 6.2).

Die neuesten Forschungsergebnisse zu diesem Thema, auch im Vergleich der Sonne mit anderen „sonnenähnlichen" Sternen (Baliunas and Jastrow 1990), ergeben eine geringere Gesamtstrahlung der Sonne während des Maunder-Minimums im Vergleich zu heute: Lean et al.(1995) erhalten eine Differenz von 0,24%, während Reid (1997) sogar von etwa 0,5% spricht. Dies sind deutlich größere Differenzen, als die 0,1%, die man zwischen den heutigen Maxima und Minima der Sonnenflecken per Satellit gemessen hat und sie können nun gut mit dem Effekt durch den Anstieg der Treibhausgase konkurrieren.

Die Änderungen in der Einstrahlung der Sonne wurden mit den vorhandenen Daten der „Paläoklimaforschung" gekoppelt und man stellte fest, daß die Atmosphäre während der oben genannten Minima wesentlich kälter war als in anderen Perioden. Man nennt die Zeit des Maunder-Minimums auch die „Kleine Eiszeit" und es ist wohlbekannt, daß es im 17. Jahrhundert z. B. in Europa sehr kalte Winter gab (z. B. Neumann 1979).

Die Temperaturen der Nordhemisphäre korrelieren mit dem Sonnenflecken-zyklus im „vorindustriellen" Zeitraum von 1610 bis 1800 mit r = 0,86, was einen Zusammenhang mit der Sonnenaktivität sehr wahrscheinlich macht

(Lean et al. 1995). Lean meint, daß man im Zeitraum von 1610 bis 1800 74% der Temperaturanomalien (der Nordhemisphäre) und im Zeitraum danach bis heute 56% der beobachteten Erwärmung mit Änderungen der Sonneneinstrahlung erklären kann. Reid (1997) kommt zu ähnlichen Ergebnissen, betont aber, daß vermutlich auch ein großer Teil der in den letzten Jahren (seit 1976) beobachteten Erwärmung durch die Sonne verursacht sein kann.

Ein besonders interessantes Ergebnis zum gleichen Thema ist das von Friis-Christensen und Lassen (1991), die einen engen Zusammenhang zwischen der Temperatur der Nordhemisphäre und der *Länge des Sonnenfleckenzyklus* festgestellt haben, Abb. 6.2: Wenn der Zyklus lang ist (ca. 12 Jahre), ist die Atmosphäre kälter, und wenn der Zyklus kurz ist (ca. 9,5 Jahre), dann ist es auf der Erde wärmer. Und z. Zt. sind die Zyklen kurz!

Die Diskussion über diesen Zusammenhang und seine Bedeutung für das Problem des Treibhauseffekts ist noch nicht abgeschlossen. Man nimmt aber die „variable Sonne" heute viel ernster als noch vor wenigen Jahren, (s. z. B. die ausgezeichnete Zusammenfassung von Hoyt und Schatten 1997).

Unsere eigenen Arbeiten über den Zusammenhang zwischen dem 11jährigen Sonnenfleckenzyklus und Änderungen in der Stratosphäre sind auf die Periode nach 1950 beschränkt. Die räumlichen Strukturen der gefundenen Zusammenhänge deuten aber auf Mechanismen der Kopplung zwischen der Sonne und der unteren Atmosphäre der Erde hin, die nicht *direkt* von der Strahlung abhängen, sondern auf dynamische Rückkoppelungen hinweisen, mit denen man möglicherweise auch die Änderungen in den langjährigen Daten wird erklären können (s. Kap. 6.5).

6.2   Das solare Signal im Lauf des Jahres

6.2.1   Nordhemisphäre

Zunächst wird gezeigt, wie die Höhen der 30-hPa-Fläche im *Jahresmittel* mit dem Sonnenfleckenzyklus verbunden (korreliert) sind. Die Abbildung 6.3 zeigt Linien gleicher Korrelation zwischen dem Jahresmittel der 30-hPa-Fläche der Nordhemisphäre und der 10,7cm Radiowelle (F 10.7cm Solar Radio Flux), die ein gutes, objektives Maß für die Sonnenaktivität, besonders für Schwankungen im UV-Bereich, ist. Die Periode von 1958 bis 1996, (Abb. 6.3 oben) enthält alle Jahre der Berliner Analysen. Hohe Korrelationen findet man in einem breiten Band zwischen etwa 10 und 50°N, und das Gebiet mit den höchsten Werten der Korrelation (r größer als 0,7) erstreckt sich von Nordamerika über den Ostpazifik hinweg bis etwa 165°E. Dort, wo die Werte der Korrelation höher sind als 0,7, erklären sie mehr als 50%, (d.h. r^2 x 100), der Variabilität der 30-hPa-Höhen von Jahr zu Jahr (interannual variability).

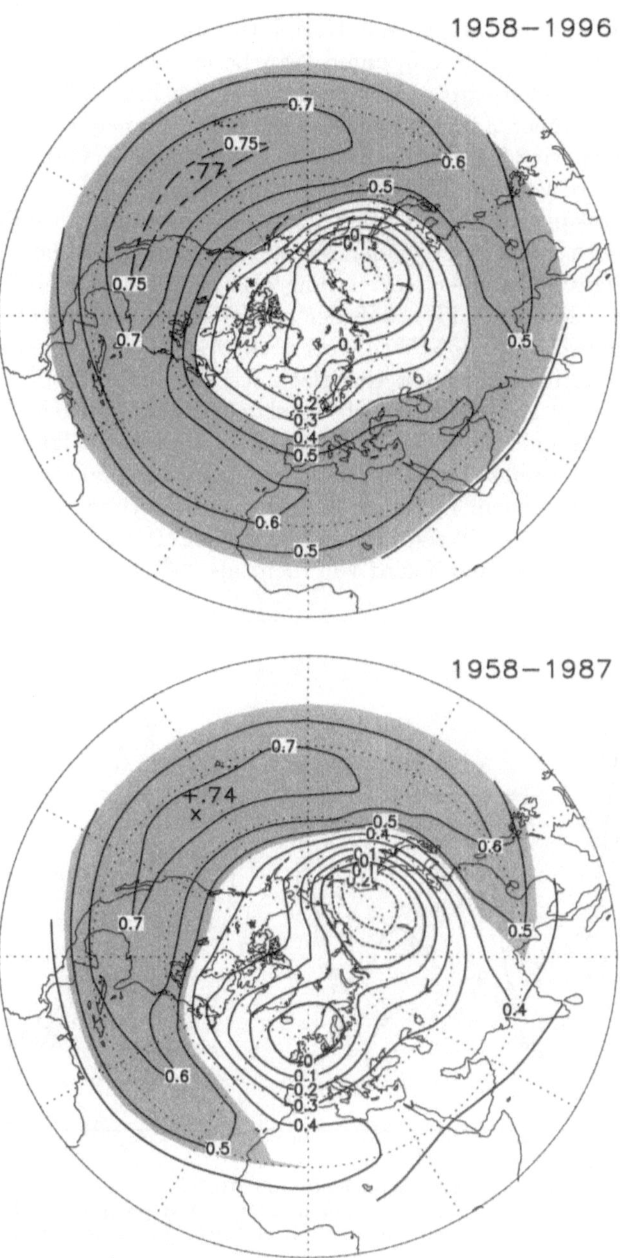

Abb. 6.3: Linien gleicher Korrelation zwischen dem *Jahresmittel* der Höhen der 30-hPa-Fläche und der Sonnenaktivität; oben: für den Zeitraum von 1958 bis 1996. Die lokale Signifikanz der Korrelationen von mehr als 99% ist schattiert (van Loon and Labitzke 1990, ergänzt); unten: dasselbe für den Zeitraum 1958 bis 1987

Zum erstenmal haben wir so eine Korrelation für den Zeitraum von 1958 bis 1987 veröffentlicht, Abb. 6.3, unten (van Loon and Labitzke 1990). Vergleicht man diese beiden Karten, dann ist es offensichtlich, daß die inzwischen hinzugekommenen neun Jahre, also fast ein weiterer Sonnenfleckenzyklus, die Korrelation nicht, wie oft üblich, verschlechtert, sondern im Gegenteil verbessert haben: überall wurden die Werte der Korrelation höher.

Da die *Signifikanz* einer Korrelation auch von der Anzahl der Fälle abhängt, wird sie bei gleich hohen Werten der Korrelation sogar noch höher. Überall dort, wo die Signifikanz einer Korrelation 99% beträgt, ist die Wahrscheinlichkeit eins von hundert (1%), daß der statistische Zusammenhang Zufall ist. Diese *Irrtumswahrscheinlichkeit* wird noch wesentlich geringer im oberen Teil der Abb. 6.3: im Gebiet der Korrelationen von mehr als 0,5 ist sie nur eins von tausend (0,1%)! (Die Korrelationskoeffizienten wurden für einzelne Gitterpunkte berechnet, und damit erhält man die lokale Signifikanz. Weil aber die einzelnen Punkte in Raum und Zeit nicht unabhängig voneinander sind, haben wir außerdem mit einer Monte Carlo Methode die Signifikanz der Karten als Ganzes (field significance) berechnet. Dabei ergab sich für die Karten in Abb. 6.3 eine Signifikanz von mehr als 99%.)

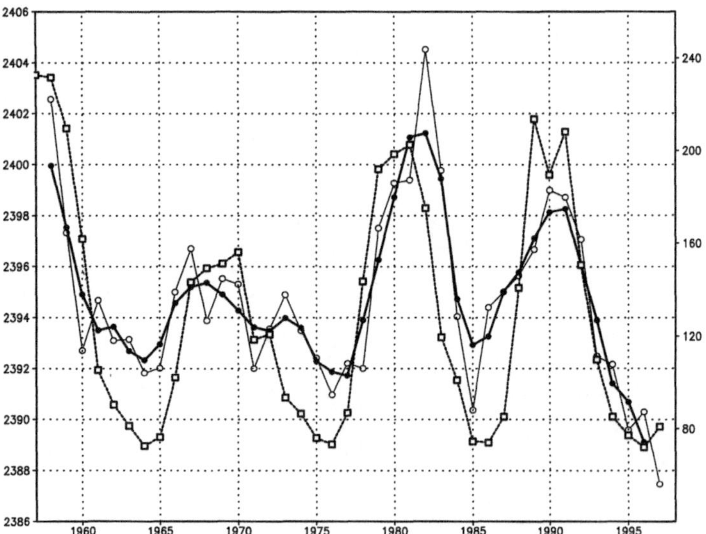

Abb. 6.4: Zeitreihen der 11jährigen Sonnenaktivität (10,7cm Radiowelle, gestrichelt), der Jahresmittel der 30-hPa-Höhen am Schnittpunkt 30°N; 150°W (geopotentielle Dekameter, dunn) und dieselben dreijährig übergreifend gemittelt (dick) (Labitzke and van Loon 1995, ergänzt)

Betrachtet man nun die Abbildung 6.4, dann erkennt man recht gut die Bedeutung einer hohen Korrelation. Für den Punkt 30°N; 150°W, d.h. für einen Punkt in der Nähe der Inseln von Hawaii, wo in beiden Karten die Korrelation größer als 0,7 ist, wird der zeitliche Verlauf der 30-hPa-Jahresmittelwerte und der Sonnenaktivität dargestellt. Die gestrichelte Kurve zeigt die Sonnenaktivität, die dünne Linie gibt die Jahresmittel der Höhen der 30-hPa-Fläche an, und die dicke Linie glättet die 30-hPa-Höhen ein wenig. Der parallele Verlauf der beiden dargestellten Parameter ist sofort ersichtlich, und ganz besonders auch in dem Sonnenfleckenzyklus, der seit der ersten Beschreibung mit Daten bis 1987 folgte. Auch wenn man heute diese Korrelation noch nicht vollkommen erklären kann, scheinen die Modellversuche, die gerade jetzt gemacht werden, doch recht vielversprechend zu sein (s. Kap. 6.5).

In Abb. 6.5 werden die Korrelationen für jeweils zwei Monate gezeigt, und man erkennt sehr deutlich, daß die Struktur auch während der einzelnen Monate der des Jahresmittels sehr ähnlich ist, wobei aber die Stärke schwankt. Das Gebiet mit signifikanten Korrelationen ist im Winter am kleinsten, (s. aber Kapitel 3.3.3 „Das solare Signal im Nordwinter"), es erreicht sein Maximum im Sommer und nimmt dann zum Herbst hin wieder ab. Dieses Verhalten deutet mindestens zu einem Teil auf einen *direkten* Einfluß der Sonne im Sommerhalbjahr hin, wenn sie in ihrem Jahreslauf am weitesten auf der Hemisphäre polwärts gekommen ist. Dann kann man eine direkte Erwärmung der Stratosphäre durch die erhöhte Strahlung von der Sonne erwarten. Im Winter gilt das entgegengesetzte Argument, aber dann wirken andere Prozesse, wie später gezeigt wird.

6.2.2 Südhemisphäre

Wie im Kapitel 2 bereits dargestellt wurde, war die Datensituation auf der Südhemisphäre bisher sehr schlecht, da man nur über den Landgebieten Radiosondenstationen hatte, und auch hier nicht immer regelmäßig. Daher war keine Gruppe in der Lage, ein dem Berliner Datensatz entsprechendes homogenes Material für die Stratosphäre der Südhemisphäre herzustellen.

Seit kurzem stehen uns nun die Re-Analysen von NCEP/NCAR für den Zeitraum von 1968 bis 1996 zur Verfügung, d.h. Daten von 29 Jahren, also fast 3 solare Zyklen. Damit wurde es möglich, das Signal der Sonne auch auf der Südhemisphäre zu finden.

Zunächst haben wir die Korrelationen von den Re-Analysen über der Nordhemisphäre mit denen aus den Berliner Daten verglichen und erhielten praktisch die gleichen Ergebnisse. Nach diesem Test haben wir uns an die Südhemisphäre gewagt und zeigen in der Abb. 6.6 die Korrelationen ähnlich wie in Abb. 6.5, nur haben wir jeweils drei Monate zusammengefaßt. Die Struktur der Korrelationen ist denen auf der Nordhemisphäre sehr ähnlich,

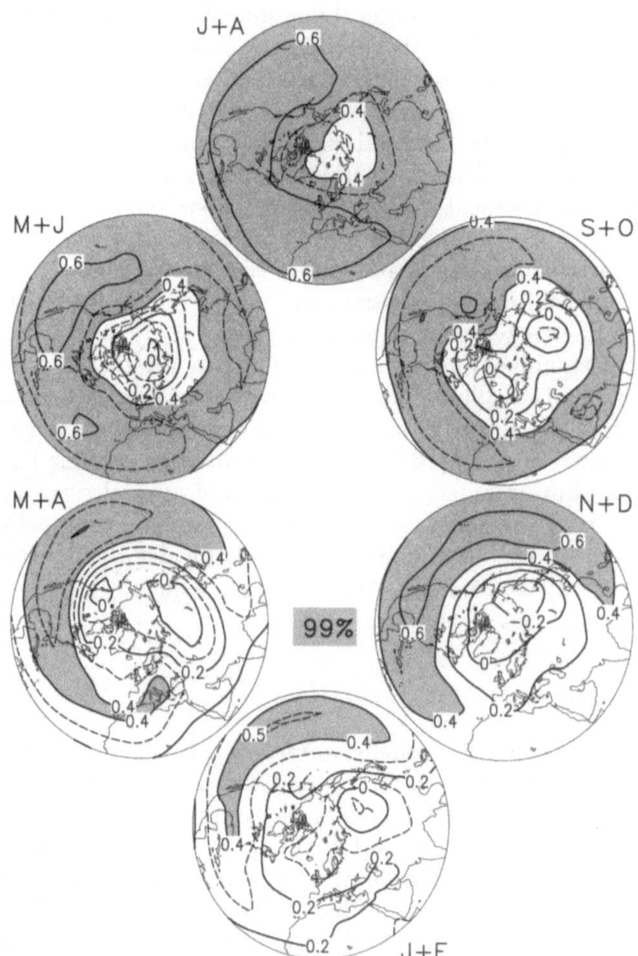

Abb. 6.5: Linien gleicher Korrelation zwischen jeweils zweimonatigen Mitteln der nordhemisphärischen Höhen der 30-hPa-Fläche und der Sonnenaktivität, für den 40jährigen Zeitraum von Juli 1957 bis Juni 1997. In den schraffierten Gebieten ist die Signifikanz der Korrelation besser als 99% (van Loon and Labitzke 1990, ergänzt)

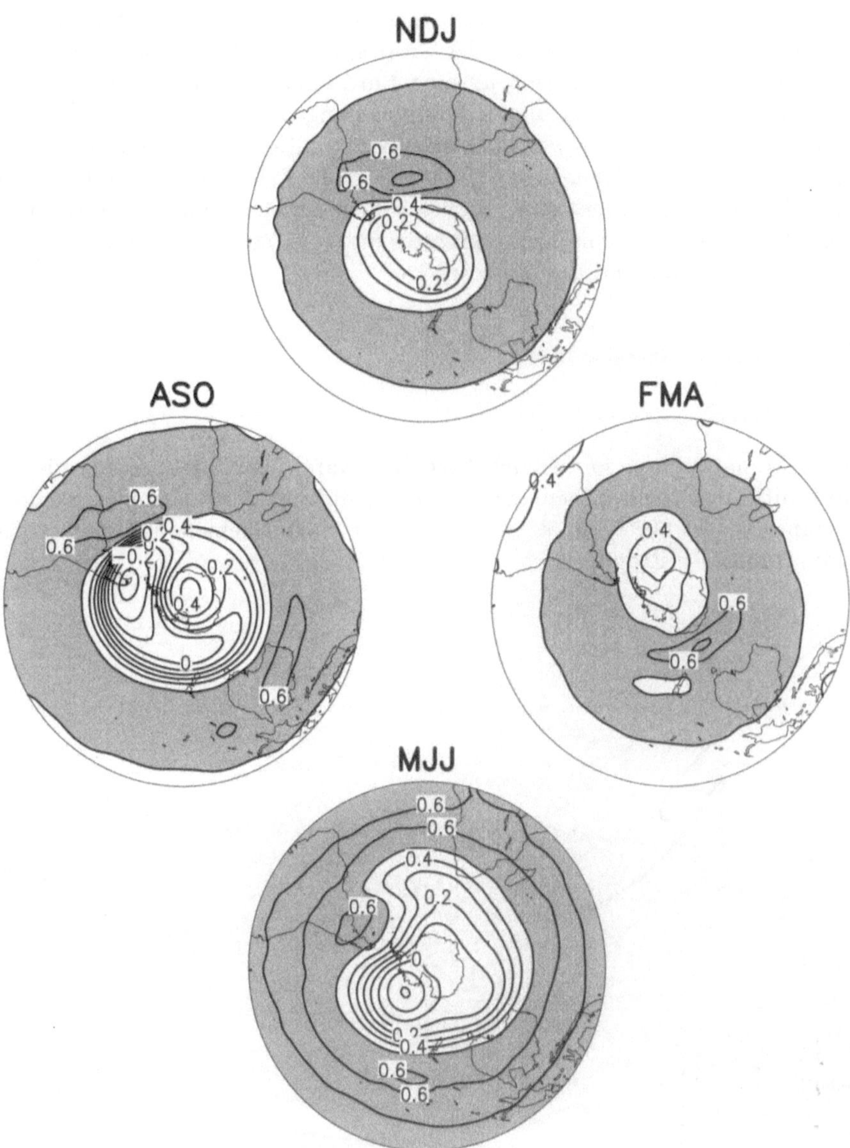

Abb. 6.6: Linien gleicher Korrelation zwischen jeweils dreimonatigen Mitteln der südhemisphärischen Höhen der 30-hPa-Fläche und der Sonnenaktivität, für den 29jährigen Zeitraum von Januar 1968 bis Dezember 1996. In den schraffierten Gebieten ist die Signifikanz der Korrelation besser als 99%. (Daten:NCEP/NCAR)

wieder liegt das Maximum in den Subtropen und im Polargebiet sind die Korrelationen unbedeutend. Außerdem sind die Strukturen wieder sehr symmetrisch, parallel zu den Breitenkreisen, angeordnet, was ausgezeichnet zu den möglichen Zusammenhängen mit der Troposphäre paßt, die später beschrieben werden. Nachdem wir seit unserer Entdeckung eines Signals der Sonnenaktivität vor 10 Jahren unsere Untersuchungen auf die Nordhemisphäre beschränken mußten, und wir nicht erklären konnten, warum wir ein solches Signal hatten, war es für uns natürlich eine große Erleichterung und Bestätigung, als wir ein fast identisches Signal auf der Südhemisphäre fanden, denn es liefert praktisch einen indirekten Beweis für einen Zusammenhang zwischen der Sonnenaktivität und der Atmosphäre.

6.2.3   Globale Korrelationen

30-hPa-Höhen

Da die Monate schon so deutlich korreliert waren, ist das Ergebnis für das Jahresmittel auch sehr überzeugend: hochsignifikante Korrelationen erkennen wir nun von fast 60°N bis 50°S — also über einem Gebiet, das weit größer als die Hälfte der Erdoberfläche ist, Abb. 6.7.

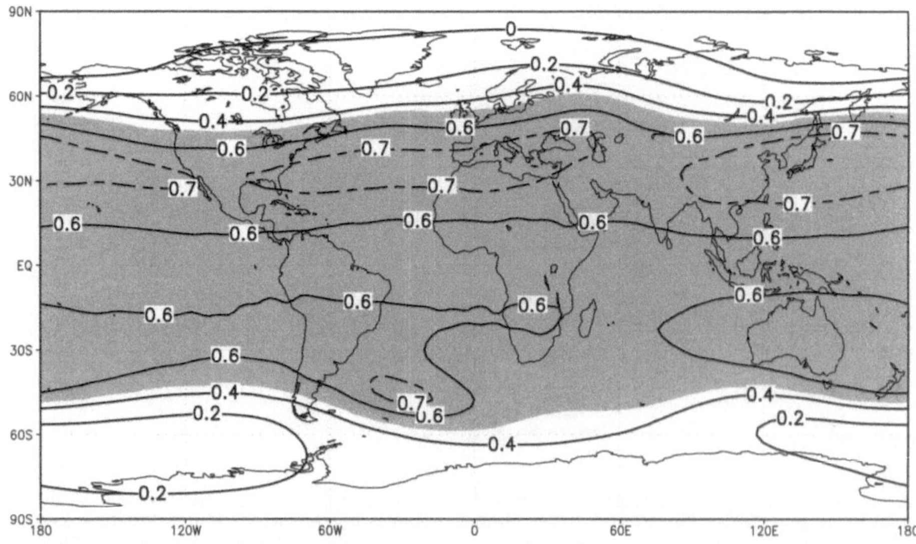

Abb. 6.7: Linien gleicher Korrelation zwischen dem Jahresmittel der Höhe der 30-hPa-Fläche und der Sonnenaktivität, für den Zeitraum 1968 bis 1996. In dem schraffierten Gebiet ist die Signifikanz der Korrelation besser als 99%. (Daten: NCEP/NCAR) (van Loon and Labitzke 1998)

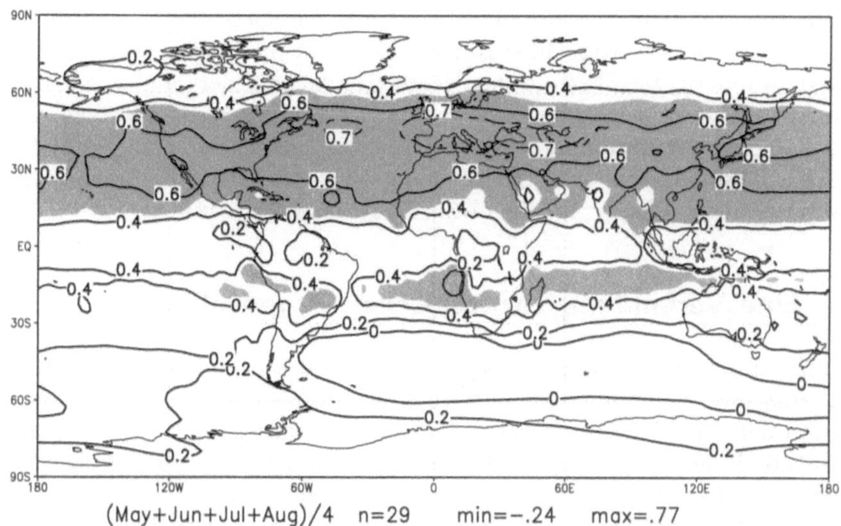

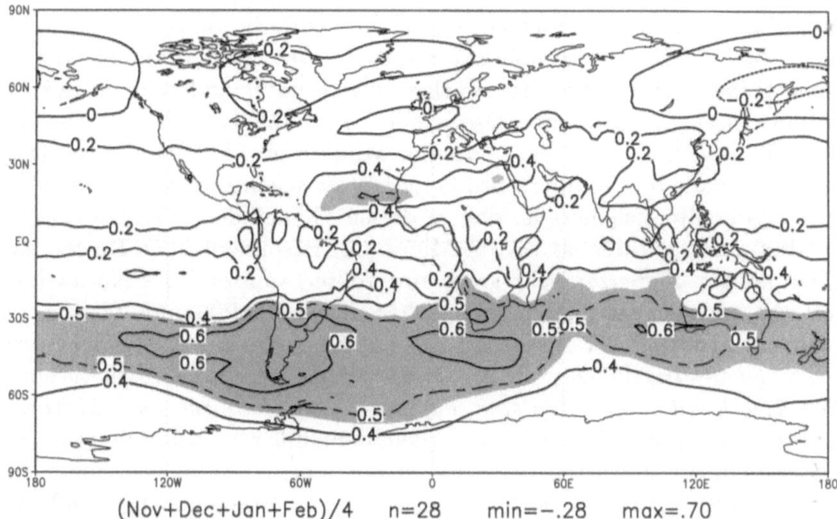

Abb. 6.8: Linien gleicher Korrelation zwischen den Temperaturen der 30-hPa-Fläche und der Sonnenaktivität, für den Zeitraum 1968 bis 1996; oben: Nordsommer (Mai bis August); unten: Südsommer. In den schraffierten Gebieten ist die Signifikanz der Korrelationen besser als 99%. (November bis Februar)(Daten: NCEP/NCAR)

30-hPa-Temperaturen

Mit dem neuen Datensatz kann man nun auch die Temperaturen in der Stratosphäre über der ganzen Erde mit dem 11jährigen Sonnenfleckenzyklus korrelieren. Die Abb. 6.8 zeigt diese Korrelationen für die beiden Sommer. Sehr deutlich wandern die Maxima der Korrelationen mit der Sonne von einer Sommerhemisphäre zur anderen, und man kann annehmen, daß man es in dieser Jahreszeit mindestens zu einem Teil mit einem *direkten* Einfluß zu tun hat, denn eine verstärkte Sonne kann über das Ozon die Stratosphäre direkt erwärmen. Dies ist für die obere Stratosphäre bekannt.

6.3　Eine Verbindung zur tropischen Troposphäre?

Wie im Kapitel „Klimatologie" ausgeführt wurde, hängt die Höhe einer Druckfläche und ihre Änderung vom Luftdruck im Meeresniveau und ganz besonders von der mittleren Temperatur der gesamten *unter* ihr liegenden Atmosphäre ab. Wenn sich also die Höhen der 30-hPa-Fläche über großen Gebieten im Rythmus des 11jährigen Sonnenfleckenzyklus ändern, dann kann man annehmen, daß sich zumindest ein Teil der Temperaturänderungen in den darunterliegenden Schichten in dem gleichen Rythmus abspielen. (Die Änderungen des Luftdrucks im Meeresniveau sind hier unwichtig).

Um dieses genauer zu untersuchen, haben wir Radiosondenstationen ausgewählt, die in Gebieten mit hoher Korrelation zwischen der Sonnenaktivität und den Höhen der 30-hPa-Druckflächen liegen, unter anderem Hawaii und Truk, eine Insel im Pazifischen Ozean bei 7,5°N; 152°E, Abb. 6.9. Hier haben wir für jeweils vier Maxima und vier Minima im SFZ für alle verfügbaren Druckniveaus die Temperaturdifferenzen zwischen diesen Extremen berechnet. Es stellte sich heraus, daß in diesen Gebieten die *Troposphäre* im Solar-Maximum wärmer ist als im Minimum. Besonders über Hawaii sind die Temperaturdifferenzen sehr groß, am größten während des Nordwinters (Januar,Februar) in der oberen Troposphäre, zwischen 200 und 300 hPa. Die Tropopause liegt hier bei etwa 100 hPa. *Das bedeutet, daß die hohen Korrelationen der 30-hPa-Fläche, die z. B. in Abb. 6.3 gezeigt werden, zu einem großen Teil damit zu erklären sind, daß die Troposphäre im Solar-Maximum wärmer ist.* Das war nicht erwartet worden, denn alle rein strahlungsabhängigen Berechnungen gestatten bei erhöhter Sonneneinstrahlung allenfalls eine geringe Erwärmung direkt in der Stratosphäre bei Sonnenhöchststand, d.h. im Sommer.

Die Variationen in der Stärke der Korrelationen im Verlauf des Jahres hängen vermutlich mit der Wanderung des hohen Sonnenstandes zwischen den Hemisphären zusammen: in der Troposphäre folgt der Sonne auf ihrem Weg von einer Sommerhemisphäre zur anderen immer die tropische Regenzeit, d.h. eine Zone mit viel Niederschlag, die mit dem aufsteigenden Zweig der „Hadley Zirkulation"(s. Kasten 6) zusammenhängt. Diese Luft ist sehr

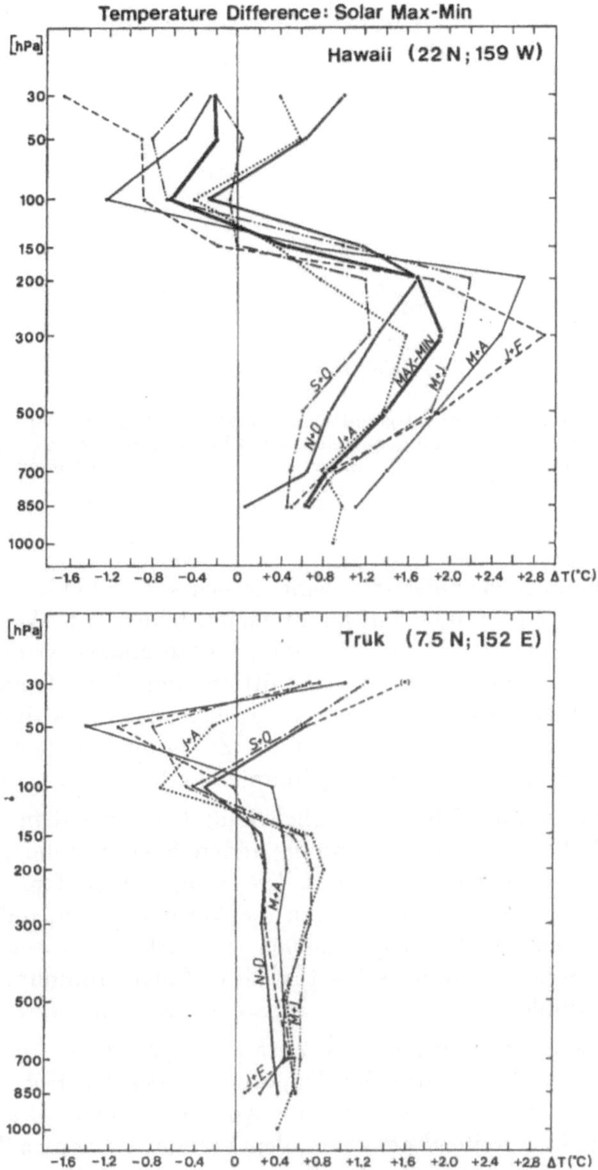

Abb. 6.9: Temperaturdifferenzen (°C) zwischen Maxima und Minima im Sonnenflecken-zyklus, jeweils für zwei Monate; a) für Lihue/ Hawaii, (22°N; 159°W) und b) für Truk (7,5°N; 152°E)(Labitzke and van Loon 1995)

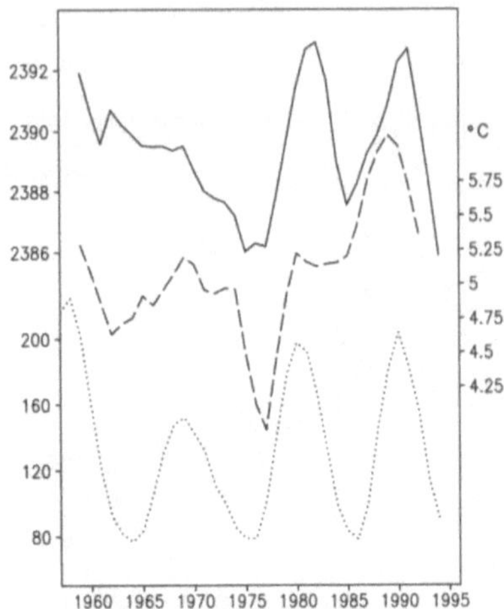

Abb. 6.10: 3jährig übergreifend gemittel: gepunktet = Zeitreihe der Sonnenaktivität; gestrichelt = Zeitreihe der zonal gemittelten 700-hPa- Temperaturen (°C), 20 bis 40°N; ausgezogen = Zeitreihe der zonal gemittelten 30-hPa-Höhen (Dekameter), 20 bis 40°N (Labitzke and van Loon 1997b)

feucht, und während sie aufsteigt, dehnt sie sich aus und kühlt sich ab. Wenn die Luft gesättigt ist (100% Luftfeuchtigkeit), bilden sich Wolken, d.h. der Wasserdampf kondensiert. Dabei wird die „Verdampfungswärme" wieder frei, die sogenannte „latente Wärme". Die mittlere und obere Troposphäre wird gerade durch diese „latente Wärme" erwärmt. Andererseits sinkt die Luft in den Subtropen in dem abwärts gerichteten Zweig der „Hadley Zirkulation", kommt dabei unter höheren Druck (Kompression) und erwärmt sich.

Die eine Station in Abb. 6.9, nämlich Truk, liegt nahe dem *aufsteigenden* Zweig der „Hadley Zirkulation", und die andere Station, Lihue/Hawaii, liegt im Bereich des *absinkenden* Zweiges. Die Temperaturdifferenzen zwischen Solar-Maximum und -Minimum lassen die Vermutung zu, daß sowohl das Aufsteigen in den äquatorialen Regionen wie auch das Absinken über den Subtropen im Solar-Maximum stärker ist als im Solar-Minimum. Mit anderen Worten: die „Hadley Zirkulation" ist im Solar-Maximum verstärkt.

Einen weiteren Hinweis auf einen Zusammenhang zwischen dem Sonnenfleckenzyklus, der Temperatur der Troposphäre und den Höhen der Druckflächen in der unteren Stratosphäre gibt Abb. 6.10. Dieses Diagramm zeigt, jeweils 3jährig übergreifend gemittelt, den Verlauf des Sonnenfleckenzyklus, sowie der Temperatur im 700-hPa-Niveau (etwa 3 km Höhe) und der Höhen im 30-hPa-Niveau, beides im Breitengürtel von 20 bis 40°N, wo die höchsten Korrelationen zwischen dem SFZ und den 30-hPa-Höhen zu finden sind. Die Korrelationen zwischen den beiden atmosphärischen Parametern und dem SFZ, mit ungeglätteten Werten, sind 0,5 für die 700-hPa-Temperaturen (99% signifikant) und 0,68 für die 30-hPa-Höhen (99.9% signifikant).

Die Hadley Zirkulation (Kasten 6)

Unter dem Begriff „Hadley Zirkulation" versteht man eine direkte thermische Zirkulation, die 1735 zuerst von dem Engländer George Hadley vorgeschlagen wurde, um die Passatwinde zu erklären (s. Kap. 2). Er hatte nur die Berichte von zahlreichen Segelschiffen zur Verfügung, kam damit aber schon zu sehr richtigen und weitreichenden Ergebnissen.

Heute hat man nun zuverlässige Radiosondenmessungen und Ergebnisse der objektiven Analysen. Mit diesen kann man das Ausmaß der „Hadley Zirkulation" gut erkennen. Die Abbildung zeigt über den Tropen und Subtropen die Verteilung der relativen Feuchtigkeit mit der Höhe für zwei verschiedene Jahreszeiten. Dort, wo die Luft in den Tropen aufsteigt und sich dabei abkühlt, ist die relative Feuchtigkeit hoch und Wolkenbildung ist möglich. Wo sie absinkt, erwärmt sich die Luft und dabei nimmt die relative Feuchtigkeit ab, Wolken lösen sich auf. Die Verschiebung der Zonen mit dem Sonnenstand ist sehr deutlich: im Januar/Februar/März (oberes Bild), d.h. Südsommer bis Herbst, sind die Achsen der Vertikalbewegung, angedeutet durch Pfeile, deutlich weiter nach Süden verschoben als im Zeitraum Juli/August/September, d.h. Nordsommer bis Herbst. Über den nördlichen Subtropen, z. B.Hawaii (22°N), ist das Absinken im Südsommer (Januar/Februar/März, oberes Bild) stärker als im Nordsommer, während das Aufsteigen z. B. über Truk (7,5°N) im Nordsommer (Juli/August/September, unteres Bild) am stärksten ist (vgl. Abb. 6.9).

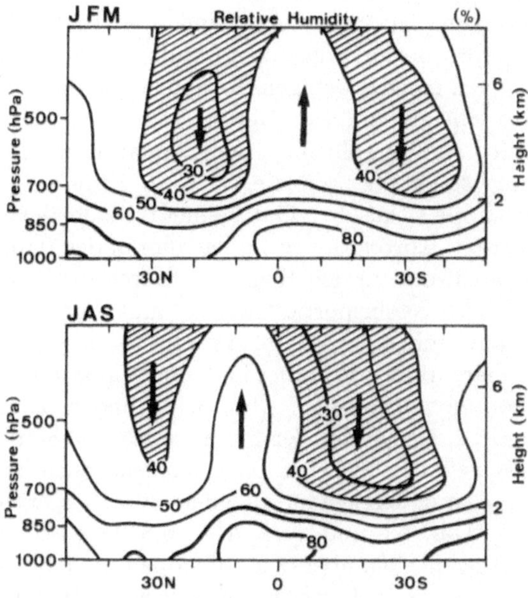

Mittlere relative Feuchtigkeit (%) für zwei verschiedene Jahreszeiten. Gebiete mit weniger als 40% sind schraffiert. (Hurrell et al. 1998)

> Die Ansicht eines Chemikers:
>
> Es gibt keinen Grund, warum man in der *unteren* Stratosphäre eine Korrelation zwischen dem Ozon und der Sonne haben sollte.

6.4 Gesamtozongehalt und der Sonnenfleckenzyklus

Die globale Verteilung des Gesamtozongehalts in der Atmosphäre wird seit November 1978 vom Satelliten aus mit dem sogenannten TOMS–Gerät gemessen. In der Troposphäre befinden sich etwa 10% des Ozons, und fast 90% werden in der „Ozonosphäre" gefunden, eine Schicht der Atmosphäre, in der das Ozon einen sehr wichtigen Beitrag zum Strahlungshaushalt der Erde liefert. Die „Ozonosphäre", auch Ozonschicht genannt, liegt etwa zwischen 10 und 50 km Höhe, mit dem Maximum der Ozonkonzentration zwischen 20 und 25 km Höhe. Im folgenden zeige ich Korrelationen zwischen dem 11jährigen Sonnenfleckenzyklus und dem Gesamtozongehalt, die sich also auf das Maximum des Ozons und damit auf den verhältnismäßig schmalen Höhenbereich zwischen etwa 20 und 25 km Höhe, die *untere* Stratosphäre, beziehen. Für diese Korrelationen stehen nur 15 Jahre an globalen Messungen zur Verfügung und so kann man sich von einer Korrelation mit einem 11jährigen Zyklus nicht zuviel versprechen. Die Strukturen sind aber so klar und passen so gut zu den vorne besprochenen Ergebnissen, daß ich sie hier dennoch zeigen möchte. Und Daten von einigen wenigen Stationen, die das Ozon schon lange messen, passen ebenfalls gut in dieses Bild.

Die Korrelationen sind sowohl über dem Äquator, wo das meiste Ozon direkt von der Sonnenstrahlung produziert wird (s. Kapitel 5), wie auch über den hohen Breiten, wohin es aus dem Quellgebiet transportiert wird, schwach, Abb. 6.11. Die höchsten Korrelationen findet man in den Tropen/Subtropen in beiden Hemisphären, d.h. in den Regionen, durch die das Ozon auf dem Weg zu den Polen hindurchtransportiert werden muß. Die beiden Maxima der Korrelationen im Jahresmittel in Abb. 6.11a setzen sich aus einem Maximum für die Nordhemisphäre im Nordsommer und einem Maximum für die Südhemisphäre im Südsommer zusammen, Abb. 6.11b und c. D.h., die höchsten Korrelationen wandern wieder mit der Sonne von einer Sommerhemisphäre zur anderen. Die Gebiete der höchsten Ozon-Korrelationen liegen aber äquatorwärts der Gebiete mit den entsprechenden 30-hPa-Korrelationen, z. B. Abb. 6.7, Abb. 6.5, Abb. 6.6 und auch Abb. 6.8. Das bedeutet: Wenn die stratosphärischen Druckflächen über den Subtropen im Solar-Maximum hoch sind, dann ist äquatorwärts auch der Ozongehalt hoch. Wie wir vorne gezeigt haben, kann man dies dahingehend interpretieren, daß die „höheren Höhen" mit Absinken und damit verbundener Erwärmung zusammen hängen. Dieses Absinken führt andererseits immer zu einer Zunahme des Gesamtozons, weil

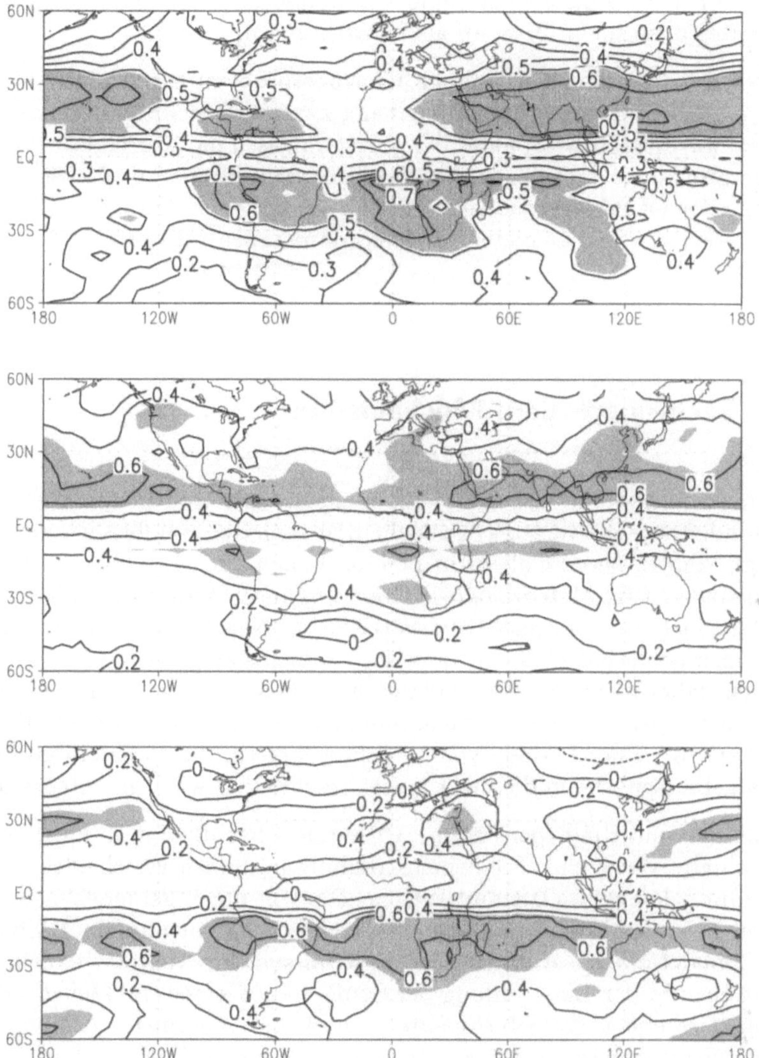

Abb. 6.11: Linien gleicher Korrelation zwischen der Sonnenaktivität und 15 Jahren (1978–1993) Gesamtozongehalt, gemessen mit dem TOMS–Gerät der NASA: a) Jahresmittel; b) die Werte für den Nordsommer; c) die Werte für den Südsommer. Im schraffierten Gebiet ist die Signifikanz besser als 95% (Labitzke and van Loon 1997a)

Ozon dabei vertikal und horizontal herantransportiert wird. Diese „höheren Höhen" wirken außerdem wie eine relative Barriere, die den polwärts gerichteten Transport des Ozons behindert, d.h., die Sonne verursacht quasi einen „Stau" für den Ozontransport, und wir treffen daher im Solar-Maximum in diesen Regionen mehr Ozon an als im -Minimum.

Daß es sich vermutlich um ein Transportproblem handelt und nicht um einen *einfachen direkten* Zusammenhang zwischen: mehr Strahlung = mehr Ozon = wärmere Stratosphäre, beweisen praktisch die Korrelationen mit der Temperatur, denn hier liegen die Maxima wesentlich weiter polwärts als die Maxima der Ozonkorrelationen, während sie bei einem direkten Zusammenhang in den gleichen Gebieten ihr Maximum haben müssten.

6.5   Suche nach dem Mechanismus

Vorne wurde erwähnt, daß man jetzt versucht, mit Modellexperimenten herauszufinden, wie die variable Sonne die Atmosphäre beeinflussen kann. Außer J.Haigh vom Imperial College in London haben auch U.Cubasch vom Max-Planck-Institut für Meteorologie in Hamburg und D.Shindell und D.Rind vom Goddard Institute for Space Studies (GISS) in New York 3-dimensionale Zirkulationsmodelle zur Untersuchung des Problems eingesetzt. Cubasch (1997) hat sich dabei mehr um die langfristigen Änderungen gekümmert, während die Modellexperimente von Haigh, Shindell und Rind Variationen in der Atmosphäre mit einer Periode von 11 Jahren liefern, die zu einem großen Teil den Ergebnissen, die in diesem Kapitel beschrieben wurden, entsprechen.

Shindell und Rind (persönliche Mitteilung) benutzen in ihrem Modell die beobachtete, variierende Sonneneinstrahlung und dazu verschiedene Ansätze für damit gekoppelte Ozonänderungen. Die von ihnen gefundenen Änderungen der stratosphärischen Höhen entsprechen sehr gut unseren Beobachtungen. Eine detaillierte Analyse ihrer Ergebnisse zeigte den Mechanismus: die Variationen in der Einstrahlung der Sonne haben einen *direkten Einfluß auf die mittlere und obere Stratosphäre* — und die Änderungen, die wir in der unteren Stratosphäre und oberen Troposphäre beobachten, sind ein Ergebnis von *indirekten Änderungen*, z. B. der Dynamik, die von der variablen Sonne verursacht werden.

Diese Modelle sind natürlich noch nicht vollständig genug und viele weitere Untersuchungen sind notwendig, aber insgesamt sind diese Experimente doch schon sehr vielversprechend, so daß man hoffen kann, die Wirkung der Sonne auf die Atmosphäre und damit ihre Bedeutung für das Klima bald verstehen zu können.

Literatur

Baliunas S., Jastrow R. (1990): Evidence for long-term brightness changes of solar-type stars. Nature, 348, 520–523.

Cubasch U. (1997): Simulation of the influence of solar radiation variations on the global climate with an ocean-atmosphere general circulation model. Climate Dynamics, 13, 757–767.

Eddy J.A. (1976): The Maunder Minimum. Science 192, 1189–1202.

Friis-Christensen E., Lassen K. (1991): Length of the solar cycle: an indicator of solar activity closely associated with climate. Science 254, 698–700.

Haigh J.D. (1996): The impact of solar variability on climate. Science 272, 981–984.

Hoyt D.V., Schatten K.H. (1997): The Role of the Sun in Climate Change. Oxford University Press, New York, 279pp.

Hurrell J.W., van Loon H., Shea D.J. (1998): Met. Monogr. AMS, in press.

Labitzke K., van Loon H. (1995): Connection between the troposphere and stratosphere on a decadal scale. Tellus, 47A, 275–286.

Labitzke K., van Loon H. (1997a): Total ozone and the 11year sunspot cycle. J.Atm. Sol.-Terr.Phys., 59, 9–19.

Labitzke K., van Loon H. (1997b): The signal of the 11year sunspot cycle in the upper troposphere-lower stratosphere. Space Sci. Reviews, 80, 393–410.

Lean J., Beer J., Bradley R. (1995): Reconstruction of solar irradiance since 1610: Implications for climate change. Geophys. Res. Lett., 22, 3195–3198.

Neumann J. (1979): Great historical events that were significantly affected by the weather: 3, the cold winter of 1657–58, the Swedish Army crosses Denmark's frozen sea areas. Bull.Amer.Met.Soc., 59, 1432–1437.

Ram M., Stolz M., Koenig G. (1997): Eleven year cycle of dust concentration variability observed in the dust profile of the GISP2 ice core from Central Greenland: possible solar cycle connection. Geophys. Res. Lett., 24, 2359–2362.

Reid G.C. (1997): Solar forcing of global climate change since the mid-17th century. Climatic Change, 37, 391–405.

Stuiver M., Braziunas T.F. (1993): Sun, ocean, climate and atmosphere $^{14}CO_2$: an evaluation of causal and spectral relationships. The Holocene 3(4), 289–305.

van Loon H., Labitzke K. (1990): Association between the 11year solar cycle and the atmosphere. Part IV: The stratosphere, not grouped by the phase of the QBO. J.Climate, 3, 827–837.

van Loon H., Labitzke K. (1998): The signal of the 11year solar cycle in the global stratosphere. J.Atm. Sol.-Terr.Phys., 60, im Druck.

White W.B., Lean J., Cayan D.R., Dettinger M.D. (1997): Response of global upper ocean temperature to changing solar irradiance. J.Geophys.Res., 102, 3255–3266.

7 Schlußbetrachtungen

7.1 Zusammenfassung des bisher Gesagten

Im folgenden möchte ich kurz zusammenfassen, was ich bis hierher über Phänomene und Geschichte geschrieben habe, wobei wir aber sicherlich noch nicht am Ende der Geschichte angekommen sind!

Das 1. Kapitel begann mit der Entdeckung der Stratosphäre im Jahre 1901, die von der mutigen bemannten Ballonfahrt im Ballon „Preußen" bis auf 10 800 m begleitet war. Zuvor hatte Aßmann aber erstmal 1887 ein zuverlässiges Thermometer und 1901 den Gummiballon erfinden müssen, der die Registrierinstrumente weit nach oben, eben in die Stratosphäre tragen konnte. Daran zeigte ich beispielhaft, wie der Einsatz und auch die Erfindungsgabe *einzelner Personen* die Wissenschaft weiterbringen.

Die Bedeutung sorgfältiger *Beobachtungen* wird am Beispiel Bersons, der 1908 die Westwinde in der Stratosphäre über dem Äquator entdeckte, klargemacht: Beobachtungen sind fast immer das Primäre und die Theorie muß diesen folgen, was manchmal sehr lange dauern kann.

Auch Scherhags Entdeckung des „Berliner Phänomens" 1952 paßt zu dem eben Gesagten, denn eine vollständige Erklärung dieses für das Verständnis der Variabilität der Stratosphäre so wichtigen Phänomens in dem Sinne, daß man es vorhersagen kann, ist auch heute (1998) noch nicht vorhanden.

Scherhag begann 1958 mit der Analyse der täglichen Wetterkarten der Stratosphäre, die damals durchaus „pionierhaften" Charakter hatten und auch gelegentlich belächelt wurden, da die Meteorologen im allgemeinen nicht oberhalb der Tropopause arbeiteten. Durch seine Weitsicht und sein Engagement, das er an seine Mitarbeiter weitergab, haben wir heute ein einmaliges Datenmaterial, das u. a. 1987 die Entdeckung des Zusammenhangs zwischen dem 11jährigen Sonnenfleckenzyklus und der Atmosphäre ermöglichte.

Im 2. Kapitel wird eine Übersicht über den *mittleren* Zustand der Stratosphäre gegeben, den man kennen muß, um die Variabilität von Jahr zu

Jahr und die Unterschiede zwischen den Hemisphären richtig einschätzen zu können. Außerdem ist er die Basis zum Verständnis von Trends, wobei betont wird, daß Änderungen in der Stratosphäre immer auch im Zusammenhang mit Änderungen in der Troposphäre beurteilt werden sollten, und daß man sich hüten muß, bei zu kurzen Datenreihen vorschnelle Schlüsse zu ziehen.

Kapitel 3 behandelt die von Jahr zu Jahr sehr unterschiedlichen Winter in der arktischen Stratosphäre. Es wird zunächst eine große Stratosphärenerwärmung (Berliner Phänomen) an Hand von synoptischen Karten und Raketenmessungen beschrieben und der typische Ablauf einer solchen Erwärmung in der gesamten „Mittleren Atmosphäre" dargelegt. Sodann wird ausführlich diskutiert, welche Anregungen, durch Wellen aus der Troposphäre, oder durch Vulkaneruptionen, oder durch die Sonnenaktivität zu den verschiedenen Wintertypen führen. Die Wechselwirkungen zwischen Troposphäre und Stratosphäre sind äußerst kompliziert und man kann den Einfluß der Stratosphäre auf die Troposphäre noch nicht klar erkennen, weil die Variabilität so groß ist.

Ein Vergleich zwischen den Wintern der Arktis und der Antarktis macht deutlich, daß die weiter polwärts reichende Wellenaktivität während der Nordwinter die Ausbildung eines „Ozonlochs" über der Arktis bisher verhindert hat, und daß die große Stabilität des Polarwirbels über der Antarktis die meteorologische Voraussetzung für die chemisch bedingte Ausbildung des antarktischen „Ozonlochs" ist (s. Kap. 5).

Kapitel 4 handelt von der Quasi-Biennial Oscillation (QBO), wobei zuerst auf eine solche Schwingung in der Troposphäre eingegangen wird, die bereits 1884 zum 1. Mal erwähnt wird, und die bis heute in vielen Beobachtungsreihen signifikant vorhanden ist.

Danach wird die Entdeckung der QBO in der äquatorialen Stratosphäre beschrieben, sowie der heutige Kenntnisstand und die heute akzeptierte Theorie der Entstehung der QBO. Der Zusammenhang zwischen der QBO und den Wintern in der Arktis ist schon im Kapitel 3 behandelt worden.

Im Kapitel 5 betrachte ich das Ozonproblem aus meiner Sicht als Meteorologin. Ich beginne mit dem historischen Messnetz von Dobson, das er 1925 einrichtete, und mit den ersten Ozonbeobachtungen aus der Arktis von Langlo, der in den Jahren 1939 bis 1949 in Tromsö Ozon gemessen hat. In diesen Daten erkennen wir sofort die Variabilität der arktischen Winter, wie sie im Kapitel 3 diskutiert wurde. Damals hielt man die Stratosphäre aber noch für ruhig und Langlo konnte noch nichts von den Stratosphärenerwärmungen wissen. Er erkannte aber ganz richtig, daß die von ihm beobachteten großen Schwankungen des Ozons mit meteorologischen Bedingungen in der Stratosphäre zusammenhängen müssen, und er wies als erster auf den Zusammenhang zwischen besonders niedrigen Ozonwerten und dem Auftreten von „Perlmutterwolken" hin. Von diesen Wolken wird seit 1870 berichtet.

Nach einer kurzen Beschreibung der natürlichen Ozonverteilung gehe ich auf die anthropogene Ozonzerstörung im kalten antarktischen Polarwirbel ein, die dort zur Ausbildung des „Ozonlochs" führt. Sodann werden der langfristige Trend des Ozons außerhalb der Antarktis und seine möglichen „meteorologischen" Ursachen behandelt, bevor ich zu den internationalen Maßnahmen zur Reduktion der ozonzerstörenden Stoffe (Montrealer Protokoll) in der Atmosphäre komme.

Abschließend wird im Kapitel 6 der Einfluß des 11jährigen Sonnenfleckenzyklus auf die Atmosphäre aufgezeigt. Dies ist heute ein sehr aktuelles und spannendes Thema, nachdem ein großer Teil der beteiligten Wissenschaftler darin übereinstimmt, daß etwa die Hälfte des beobachteten Anstiegs der globalen Temperaturen (Global Warming) auf eine sich ändernde, stärker werdende Sonne zurückgeführt werden kann.

Wir können inzwischen das Signal der Sonne in der Stratosphäre und z. T. auch in der Troposphäre deutlich zeigen und wir vermuten, daß die gesamte allgemeine Zirkulation, insbesondere die *Hadley Zirkulation*, im Rythmus des 11jährigen Sonnenfleckenzyklus schwankt. Die Suche nach dem Mechanismus ist noch nicht abgeschlossen, aber ein direkter Zusammenhang zwischen erhöhter UV-Strahlung und Ozon in der oberen Stratosphäre und daraufhin einsetzende indirekte dynamische Rückkoppelungen wurde schon erfolgreich modelliert.

7.2 Ist die Stratosphäre relevant für unser Klima?

Dieses Buch begann mit der Entdeckung der Stratosphäre am Anfang des 20. Jahrhunderts und beschrieb verschiedene Phänomene, die in diesem Jahrhundert entdeckt bzw. beobachtet wurden. Diese Phänomene und auch die komplizierten Wechselwirkungen zwischen sehr unterschiedlichen Regionen auf unserer Erde, z. B. zwischen den Wassertemperaturen im tropischen Pazifik und den großen Stratosphärenerwärmungen im Nordwinter, waren an sich schon wert, einmal zusammenhängend beschrieben zu werden. Aber der Leser mag sich doch gefragt haben, ob dies außerdem auch für heutige Fragen bezüglich des Klimas **relevant** ist.

Diese Frage kann man mit einem glatten „JA" beantworten! Und als Zeichen dafür, daß dies die internationale Gemeinschaft der Klimaforscher auch so sieht, kann man die Einrichtung des neuen (ab 1992) Forschungsschwerpunkts *Stratospheric Processes and their Role in Climate (SPARC)* ansehen. Dieses Projekt ist Teil des *World Climate Research Program (WCRP)*, das von der *World Meteorological Organisation (WMO)* und dem *International Council of Scientific Unions (ICSU)* gemeinsam organisiert wird, und in dem alle Aspekte des Klimas und seiner möglichen Veränderungen untersucht werden.

Diese verhältnismäßig späte Anerkennung der Bedeutung der Stratosphäre für das Klima kommt daher, daß man die Stratosphäre in den Klimamodellen zunächst nur als Rand behandelte, da nicht genügend Computer-Kapazität zur Verfügung stand, um die Stratosphäre ausreichend mitzumodellieren. Wir können ja in der Meteorologie und besonders in der Klimaforschung nicht wie in einem Labor experimentieren, sondern müssen mit sogenannten „General Circulation Models (GCMs)" versuchen, das Wetter bzw. das Klima mit seinen komplizierten Wechselwirkungen zwischen physikalischen und chemischen Prozessen zu „simulieren".

Inzwischen ist es möglich, die Klimasimulationen zumindest teilweise bis in die Stratosphäre und Mesosphäre hinauf durchzuführen. Und dabei erkennt man, daß die Koppelung nicht nur von unten nach oben geschieht, sondern daß Änderungen dort oben, z. B. des Ozons oder der Temperatur, auch zu Änderungen in der Troposphäre führen. Dieser Zusammenhang wird heute mit „dynamical downward control" bezeichnet. Ein großer Teil der internationalen Klima-Forschung wird sich in den nächsten Jahren diesem Thema widmen, denn es ist noch viel zu tun, bis eine einigermaßen vollständige Modellierung der Wechselwirkungen zwischen Strahlung, Dynamik und Chemie erreicht sein wird.

> **Und alle Modellergebnisse müssen an den Beobachtungen getestet werden!**

Hier schließt sich der Kreis zu den Berichten aus den frühen Jahren, denn ohne die Weitsicht solcher Forscher wie z. B. Aßmann, Dobson und Scherhag hätten wir heute nicht die Beobachtungen, seien es Ozon oder Winde oder Temperaturen, die wir zum Verständnis der Variabilität der Stratosphäre und des Klimas, zur Beurteilung von Trends und zur Verifikation der Modelle benötigen.

7.3   Unerwartetes!

In den vorangegangenen Kapiteln habe ich verschiedene Phänomene beschrieben, die zum Zeitpunkt ihrer Entdeckung völlig unerwartet waren und nicht Teil der gängigen Theorie. Deshalb wurden sie oft nicht akzeptiert, wie z. B. der Westwind in der Stratosphäre am Äquator, oder das „Ozonloch" über der Antarktis, oder die Stratosphärenerwärmungen in der vermeintlich ruhigen Stratosphäre, oder der Zusammenhang zwischen der Atmosphäre und der Sonnenaktivität.

Es gibt in der Physik noch viele Beispiele für diese Haltung, Beobachtungen nicht zu akzeptieren, wenn man sie, bzw. **weil** man sie nicht versteht oder erwartet. Einige bekannte Beispiele sind die Fraunhoferlinien, die erst erklärt werden konnten, nachdem man die Atomphysik verstand. Oder der Zusammenhang zwischen der Sonnenaktivität, den Polarlichtern und dem Erdmagnetismus, den man erst begriff, nachdem man verstand, daß der Raum zwischen der Sonne und der Erde kein Vakuum ist, sondern aus Plasma (geladenen Teilchen) besteht. Oder Alfred Wegeners Idee von der „Kontinentalverschiebung", die man in der Geophysik erst anerkannte, als man die Bewegung der Kontinentalplatten (spreading of the ocean floor) verstanden hatte.

Und von einer **Vorhersage** dieser Phänomene kann schon gar keine Rede sein, denn meistens muß

die Theorie der Erfahrung folgen! (Köppen 1931)

In der Einleitung habe ich angedeutet, daß ich versuchen will, an Hand von einigen Beispielen die Wege der Forschung nachzuvollziehen. Wenn es mir gelungen ist, klar zu machen, daß das Tor immer für **unerwartete** Beobachtungen offen sein muß, dann habe ich mein Ziel erreicht, denn es erwarten uns sicherlich noch viele Überraschungen, weil wir bestimmt erst Teile des Gesamtsystems verstehen.

Glossar

Alëutenhoch: Ein quasistationäres Hochdruckgebiet in der Stratosphäre im Winter, in der Nähe der Alëuten–Inseln im Nordpazifik.

Alëutentief: Ein quasistationäres Tiefdruckgebiet in der Troposphäre im Winter, in der Nähe der Alëuten–Inseln im Nordpazifik. Es ist vergleichbar mit dem Islandtief im Nordatlantik.

Aphelium: (Sonnenferne) Sonnenfernster Punkt der Planeten auf einer elliptischen Umlaufbahn um die Sonne. Die Erde erreicht ihr Aphelium im Nordsommer; vgl. Perihelium.

Dobson Unit(DU): Dobson-Einheit: Maßeinheit für das Gesamtozon.

FCKW: Fluorierte Chlor-Kohlen-Wasserstoffe.

FKW: Fluorierte Kohlen-Wasserstoffe: Ersatzstoff für FCKW, ohne Ozonzerstörungspotential, aber starkes Treibhausgas.

General Circulation Models (GCMs): Numerische Representation der Atmosphäre und ihrer Phänomene über der gesamten Erde, unter Benutzung eines großen Satzes von physikalischen Gleichungen, die das System Atmosphäre-Ozean beschreiben.

Geostrophischer Wind: Ein Gleichgewichtswind, den man in der freien Atmosphäre, oberhalb der Reibungsschicht, ansetzen kann. Er beschreibt das Gleichgewicht, das zwischen der Druckkraft, die den Druckunterschied zwischen den Systemen ausgleichen will, und der ablenkenden Kraft der Erdrotation (Corioliskraft) herrscht. Durch dieses Gleichgewicht wehen die Winde in der freien Atmosphäre parallel zu den Höhenlinien und nicht in die Tiefdruckgebiete hinein. Obwohl dieser Ansatz nur bedingt korrekt ist, kann man einen großen Teil der Bewegungen in der freien Atmosphäre mit ihm beschreiben.

Gesamtozon (total ozone): Gesamtgehalt an Ozon in der gesamten vertikalen Luftsäule, dargestellt als Schichtdicke (cmO_3NTP) von Ozon allein, reduziert auf Normalbedingungen (NTP). $100DU = 1\ mm\ O_3\ NTP$.

Halone: Stabile bromhaltige organische Verbindungen.

Heterogene Chemie, bzw. heterogene Katalyse: Der an der Reaktion beteiligte Katalysator liegt in einem anderen Aggregatzustand vor als die anderen Reaktanden.

Höhe einer Druckfläche: Diese wird mit der sogenannten„Barometrischen Höhenformel" berechnet. Die einzige Variable ist dabei die Mitteltemperatur der unter der jeweiligen Druckfläche liegenden Luftsäule: bei höheren Temperaturen liegen die Druckflächen höher und umgekehrt.

Inversion: Umkehr der normalerweise üblichen Abnahme der Temperatur mit der Höhe.

Korrelation: Mathematische Berechnung des Zusammenhangs zwischen zwei Größen. Der „Korrelationskoeffizient" kann zwischen -1 und +1 liegen; das Quadrat dieses Koeffizienten (x 100) drückt aus, wieviel Prozent der Variabilität (varianz) der betreffenden Größen durch diese Beziehung (Korrelation) erklärt werden kann.

KW: Kohlenwasserstoffe: sehr gute Ersatzstoffe für FCKW, z. B. in Kühlschränken, da sie kein Treibhausgas sind und kein Ozonzerstörungspotential haben.

Luftdruck: Gewicht der Luftsäule vom Beobachtungsniveau bis an die Grenze der Atmosphäre. Am Boden wird der Luftdruck mit Barometern gemessen. Angegeben wird der Barometerstand, z. B. 750 mm, als ein Maß für die Kraft, mit der eine Quecksilbersäule von z. B. 750 mm dem Luftdruck das Gleichgewicht hält.

Luftdruck-Einheiten: „mm" entspricht direkt dem Barometerstand, s. Luftdruck. Physikalisch mißt man lieber den Druck als Kraft pro Fläche, nahm dafür die Einheit „Bar" und teilte 1 Bar in 1000 Millibar. Diese Einheit war (und ist zum Teil immer noch) in der Meteorologie die gebräuchlichste Einheit für den Luftdruck, wobei es die Schreibweise „mb" aber auch „mbar" gibt.

Heute ist allgemein die Benutzung der SI–Einheiten (International System of Units (SI)) vorgeschrieben, und darum werden für die Druckeinheiten in der Meteorologie heute „hektopascal (hPa)" benutzt, wobei 1000 mbar = 1000 hPa sind.

NTP: Abkürzung für „normal temperature and pressure", (manchmal auch STP für „standard temperature and pressure"): Bezeichnet die physikalischen „Normal"-Bedingungen:

$T = 273,2$ K ($= 0°C$) und p $= 1013,2$ hPa.

Ozon: s. Gesamtozon

Ozonzerstörungspotential (Ozone Depletion Potential (ODP)): Effizienz der pro Gewichtseinheit verursachten Ozonzerstörung im Vergleich zu der durch Freon 11 ($CFCl_3$) verursachten Ozonminderung.

Perihelium: (Sonnennähe) Sonnennahester Punkt der Planeten auf einer elliptischen Umlaufbahn um die Sonne. Die Erde erreicht ihr Perihelium im

Nordwinter; vgl. Aphelium.

Photodissoziation, Photolyse: Aufspaltung eines Moleküls in ein oder mehrere Atome oder Moleküle durch Absorption eines Photons, z. B. UV-Strahlung.

Radikal: Der Begriff Radikal (oder freies Radikal) ist die Bezeichnung für ein Atom oder Molekül, das ein ungepaartes Elektron enthält. Dieser energetisch ungünstige Zustand bedingt eine hohe chemische Reaktivität vieler Radikale.

Solar Flux(10,7cm): Von der Sonne ausgestrahlte Radiowellen mit einer Wellenlänge von 10,7cm (2800 MHz) in Einheiten von 10^4 Jansky; (1 Jansky $= 10^{-26} \mathrm{Wm}^{-2} \mathrm{Hz}^{-1}$. Sie werden seit 1947 an verschiedenen Observatorien gemessen und sind ein sehr gutes Maß für die extreme ultraviolette Strahlung der Sonne (EUV), die vom Boden aus nicht gemessen werden kann.

Solarkonstante: Die Energiemenge, die an der Obergrenze der Erdatmosphäre senkrecht von der Sonne her in 1 Minute auf den Quadratzentimeter auftrifft.

Sonnenflecken: Verhältnismäßig dunkle Gebiete auf der Oberfläche der Sonne, die aus der dunklen zentralen „Umbra" und der sie umgebenden etwas helleren „Penumbra" bestehen. Große Sonnenflecken wandern mit der Drehung der Sonne um ihre Achse von West nach Ost über die sichtbare Fläche der Sonne, verschwinden dann und tauchen nach einigen Tagen am Westrand der Sonne wieder auf. Eine Umrundung dauert etwa 27 Tage.

Sonnenfleckenzyklus: Eine quasiperiodische Variation in der Anzahl und Größe der Sonnenflecken. Der Zyklus beträgt im Mittel 11.1 Jahre, kann aber zwischen 7 und 17 Jahren schwanken.

Standardabweichung, Sigma: Ein Maß für die Variabilität (Streuung) eines Datensatzes um seinen Mittelwert. Im allgemein, wenn die Daten „normal" verteilt sind, liegen 95% aller Daten eines Datensatzes im Bereich von +/- 2 Sigma.

Strahlstrom (jet stream): Vertikal eng begrenzte Starkwindzonen in der oberen Troposphäre, die besonders die jeweilige Winterhemisphäre umrunden. Man unterscheidet den polaren und den subtropischen Strahlstrom. Sie sind eng mit der Zyklonenaktivität verbunden. Die stärksten Strahlströme trifft man über Japan und den umliegenden Gebieten an, wo die beiden Strahlströme gewöhnlich zusammentreffen.

Thermischer Wind: Ein „gedachter" Wind, der den Zusammenhang zwischen den Temperaturen und der Änderung des Windes mit der Höhe verdeutlichen kann. Ein Westwind nimmt mit der Höhe zu, solange es am betrachteten Ort polwärts kälter ist; bei einem Ostwind muß es polwärts wärmer sein, wenn er zunehmen soll.

Treibhauseffekt, anthropogener: Verstärkung des oben gezeigten Effekts durch die Zunahme der „Treibhausgase", insbesondere von Kohlendioxid, aber auch von FCKW, Methan, Ozon, Stickoxiden, Wasserdampf u. a.

Treibhauseffekt, atmosphärischer: Er beruht im wesentlichen auf der Anwesenheit von Wasserdampf und Kohlendioxid in der Luft. Diese Gase lassen im sichtbaren Bereich die Strahlung der Sonne relativ ungehindert zum Erdboden durch, absorbieren aber die vom Erdboden abgestrahlte Wärme im Infraroten und strahlen diese zu einem Teil zur Erde zurück (Gegenstrahlung). Dabei vermindern sie die Ausstrahlung der Erde in den Weltraum, erwärmen aber die unterste Troposphäre. Ohne diesen natürlichen Treibhauseffekt wäre es auf der Erde wesentlich kälter.

Sachverzeichnis

Springer
und
Umwelt

Als internationaler wissenschaftlicher
Verlag sind wir uns unserer besonderen
Verpflichtung der Umwelt gegenüber
bewußt und beziehen umweltorientierte
Grundsätze in Unternehmens-
entscheidungen mit ein. Von unseren
Geschäftspartnern (Druckereien,
Papierfabriken, Verpackungsherstellern
usw.) verlangen wir, daß sie sowohl
beim Herstellungsprozess selbst als
auch beim Einsatz der zur Verwendung
kommenden Materialien ökologische
Gesichtspunkte berücksichtigen.
Das für dieses Buch verwendete Papier
ist aus chlorfrei bzw. chlorarm
hergestelltem Zellstoff gefertigt und im
pH-Wert neutral.

Springer